Research on the Technologies of Association Rules

2011年度宁波市自然科学学术著作出版资金资助出版

关联规则技术研究

沈斌 著

ZHEJIANG UNIVERSITY PRESS
浙江大学出版社

前　言 >>>

关联规则技术是一种经典的数据挖掘方法，其目的是为了从大量数据中发现项之间有趣的关联和相关关系。它可以广泛应用在购物篮分析、网站设计与优化、网络入侵检测、关联规则分类、交通事故模式分析、药物成分关联分析、蛋白质结构分析、软件 bug 挖掘、设备故障诊断等各个领域。其理论研究内容也从最初的频繁模式挖掘扩展到闭合模式挖掘、最大模式挖掘、扩展型关联规则、衍生型关联规则、隐私保护、增量挖掘、挖掘后处理、主观兴趣度度量、相关模式、数据流等多种类型数据上的关联规则挖掘等。

关联规则挖掘一直以来是数据挖掘领域中较为活跃的研究分支，新成果不断涌现，有必要对已有的创新性研究成果做一总结，以期为未来的创新性工作提供借鉴和参考。

本书是作者在该领域多年研究成果的系统总结。在相关综述的基础上，重点探讨了以下几个方面的工作：

(1)提出了一种新的相关性兴趣度度量 All-item-confidence，研究了该度量所具有的性质，如合适的上下界，模式中任意一项的发生均可提高其余项发生的可能性，良好的反单调性等。然后阐述了该度量与 All-set-confidence 度量之间的关系，以及该度量的适用范围。

(2)针对普通关联规则在解决前后项集对称型应用问题上的不足，提出了项项正相关关联规则挖掘问题。首先采用 All-confidence 关联兴趣度度量和 All-item-confidence 相关兴趣度度量挖掘关联且项项正相关频繁模式，然后进一步得到项项正相关关联规则。给出了项项正相关关联规则挖掘问题相关定义、描述和实例，提出了两种挖掘算法:ItemCoMine_AP 和 ItemCoMine_CT 算法,并对算法性能、相关度量剪枝效果、实际应用效果进行了测试。

(3)针对普通关联规则在解决前后项集非对称型应用问题上的不足,进一步提出了项项且项集正相关关联规则挖掘问题。在得到关联且项项正相关频繁模式后,采用项集相关性度量对关联规则进行剪枝,从而得到项项且项集正相关关联规则。给出了项项且项集正相关关联规则挖掘相关定义、描述和实例,进一步提出了相应的挖掘算法:I&ISCoMine_AP 和 I&ISCoMine_CT 算法,测试了算法的性能、项集相关性度量的剪枝效果以及在实际零售数据集中的应用效果。

(4)对动态关联规则技术进行了相应的研究,提出了动态关联规则新定义,进一步阐述了两种动态关联规则挖掘新算法:改进的两阶段挖掘 ITS 算法和基于扩展 FP 树的 EFP-Growth 算法,并对算法性能进行了评测。

(5)提出了挖掘带使用信息的动态关联规则(DAR-C)新问题,给出了 DAR-C 规则的候选有效时段的表示方法,并对 DAR-C 规则进行了定义;然后进一步提出了相应的挖掘算法:ITS2 和 EFP-Growth2 算法,实验验证了算法的有效性和可伸缩性,应用实例表明 DAR-C 规则应用的可行性。DAR-C 规则对于具有动态和数据分布歪斜性质的数据库,有较好的指示作用。

(6)在带有模糊分类结构的层次型模糊关联规则基础上,引入了加权扩展,提出了一种布尔型数据库中的加权模糊层次型关联规则(WGF-AR)模型。采用概化权重来描述不同叶子结点得到的上层概念项目的权重,建立事务对项集的支持度度量,从而提出相应的规则加权支持度度量和加权置信度度量。证明 WGF-AR 模型中,加权向下闭包性质成立,提出相应的 WGF-AR 挖掘 W-Apriori 算法。

(7)提出了基于模糊分类结构的关联规则聚类新方法。首先阐述模糊分类结构中多个有向无环图的合并方法,以及构建带语义差别信息的模糊分类结构的方法;进一步提出基于模糊分类结构的项间距离、项集间距离、关联规则距离计算方法,使用示例加以阐释;最后使用聚类算法对规则进行聚类,并可视化显示。

(8)提出了基于语义网的智能关联规则检索系统的体系结构、检索方式,探讨了其中的若干技术,如规则检索本体的建立、实例生成、实例标注、规则查询解析等。

(9)探讨了关联规则技术最新进展和发展趋势,重点分析了关联规则隐藏、比对模式、图模式、领域驱动可行动关联规则、应用研究、物联网挖掘、计算机—物理一体化系统挖掘等问题。

本书一方面是数据挖掘相关的科技工作者学习、研究、应用、推广关联规则技术的重要参考资料;另一方面也可以作为相关领域研究生、本科生的教材和学习资料。希望本书能够促进广大科技工作者对关联规则的认识、应用和创新。

感谢浙江大学姚敏教授、悉尼科技大学操龙兵教授对本书研究工作的指导,也感谢宁波市自然科学学术著作出版基金的资助,使得本书能够得以顺利出版。同时也衷心感谢国家自然科学基金(No. 10876036,70871111),浙江省自然科学基金(No. Y1110960),宁波市自然科学基金(No. 2010A610113)以及浙江大学宁波理工学院百门专业核心支撑课程《数据挖掘和分析》的课程建设对书中部分研究内容的资助和支持。此外,还需要感谢我的太太李书芹女士对我的关爱和为家庭所作的贡献,使得我能够静下心来,真正思考和探索学术上的前沿问题。

由于作者水平有限,时间紧迫,再加上数据挖掘领域技术发展迅速,书中不当之处,敬请读者不吝指正,以便日后再版时进一步完善和提高。

沈 斌

2012 年 2 月

目　录 >>>

第1章 >>>

概　论

1.1　引　言

自20世纪80年代以来，数据库和信息技术的迅猛发展，使得大型数据库日益增多，其数据广泛来源于各个领域，如政府数据统计、信用卡使用记录、银行日常业务、医疗记录及天体观测等，从而产生了大批量的数据。尤其是互联网技术的兴起，更是导致了海量数据的产生。如何自动、充分利用这些海量数据，顺利解决海量数据中存在的“数据丰富，知识贫乏”问题，成为摆在研究者面前的一个迫切需要解决的挑战性问题。数据挖掘技术(Data Mining, DM)正是在这样的背景下孕育而生的，它通常也被称为知识发现技术(Knowledge Discovery in Database, KDD)。

数据挖掘的简单定义是：从数据中提取或“挖掘”知识。它兴起于20世纪80年代末，并于90年代获得重大发展。1989年，第11届国际人工智能联合会议IJCAI上，首次举行了数据库知识发现专题讨论。1995年，在加拿大蒙特利尔召开了首届知识发现和数据挖掘国际学术会议(The ACM SIGKDD International Conference on Knowledge Discovery and Data Mining，SIGKDD'95)，正式提出了数据挖掘的概念。当前，KDD和DM已成为人工智能领域国际学术会议关注的焦点，相关的国际顶尖重要学术会议有SIGKDD、IEEE ICDM、PAKDD、PKDD、IEEE ICML、VLDB、ICDE、SIAM-DM等。

关联规则技术，又被形象地称为购物篮分析，正是在数据挖掘繁荣发展的大背景下产生和发展起来的。它最早由 Agrawal 等人[1]于 1993 年在文献中提出，其目的是为了从大量数据中发现项之间有趣的关联和相关联系。一个典型的关联规则的例子是：98%的购买轮胎和自动配件的顾客将倾向于同时接受汽车的保修、保养服务。发现这样的关联规则对于经营者制定相应的交叉销售、捆绑式销售，以及货架安排、仓储货存配置等都有非常好的应用价值。其他的购物篮相关应用还有目录设计、附加邮递、基于购买模式的顾客划分、异常客户检测、商品个性化推荐等。

随着该技术的不断成熟和发展，它的应用范围也由最初的购物篮扩展到网站路径优化、网络行为挖掘、网络入侵检测、分类关联规则、交通事故模式分析、空间关联分析、知识抽取和推荐、中医药药物关联分析、设备故障诊断、天文恒星光谱数据相关性分析、蛋白质结构分析、软件 bug 挖掘等。其理论研究的内容也从最初的频繁模式挖掘不断扩展到闭合模式挖掘、最大模式挖掘、扩展型关联规则、衍生型关联规则、关联规则隐私保护、增量挖掘、挖掘后处理、规则主观兴趣度度量、相关模式、数据流等多种类型数据上的关联规则挖掘。

正是由于关联规则技术具有良好的理论基础和非常广泛的应用背景，使得该技术在不同情境和实际需要的推动下，得到了持续而深入的研究。10 余年来，国际上发表的关于关联规则挖掘方面的论文数量多达数千篇，并且在每年的数据挖掘领域顶尖国际会议，如 SIGKDD、ICDM、PAKDD，以及顶尖国际期刊中，均有不少最新的相关文献[147,161,163,168,170,173,175-178,189-190,193,198,200-201,203-205]涌现，表明该技术仍处于继续深入探索和研究的过程当中。

1.2 关联规则技术基础知识

1.2.1 基本概念

下面,我们给出关联规则技术的基本概念和知识:

定义 1.1 设 $I = \{I_1, I_2, \cdots, I_m\}$ 是文字属性,称为项(item)。给定一个交易事务数据库 D,其中每个事务 T 是项的集合,满足 $T \subseteq I$。每个事务都有一个标识符,称为 TID。X 是 I 的子集,如果 $X \subseteq T$,则称 T 包含 X;如果 X 的元素个数为 k,则可以称 X 为 k-项集(k-Itemset)。

定义 1.2 如果项集 $X \subseteq I, Y \subseteq I$,并且 $X \cap Y = \varnothing$,则形如 $X \Rightarrow Y$ 的蕴涵式称为是关联规则,其中,X 称为是规则的前项集,Y 是规则的后项集,它表示包含 X 项集的事务 T 也很有可能会包含 Y 项集。如果包含 X 的事务有 $c\%$ 也包含 Y,那么规则 $X \Rightarrow Y$ 的置信度为 $c\%$;如果 D 中有 $s\%$ 的事务包含 $X \cup Y$,那么规则 $X \Rightarrow Y$ 的支持度为 $s\%$,其计算表达式分别为

$$\text{Support}(X \Rightarrow Y) = P(X \cup Y) \tag{1.1}$$

$$\text{Confidence}(X \Rightarrow Y) = P(Y \mid X) \tag{1.2}$$

给定事务数据库 D,所谓强关联规则就是指满足用户指定最小支持度阈值 minSup 和最小置信度阈值 minConf 的关联规则。

定义 1.3 给定最小支持度阈值 minSup,如果项集 X 的支持度大于等于 minSup,则称 X 为频繁项集。

上述定义中,D 可以是关系型数据库、事务数据库、空间数据库、时态和时间序列数据库、Web 文档等,从而导出了各种数据类型的关联规则挖掘问题。I 中的项是一个属性—值对,值可以是布尔型 0、1 变量,离散或连续型变量值 a,区间值$[a,b]$等。

1.2.2 挖掘方法

关联规则挖掘可以分成两步实现。步骤一：给定事务数据库 D 和项目集 $I=\{I_1,I_2,\cdots,I_m\}$，发现 D 中所有大于等于用户指定最小支持度阈值 minSup 的频繁模式完全集 P；步骤二：从频繁模式完全集中的每个频繁模式 l 中抽取关联规则 $s \Rightarrow l-s$，其置信度需要大于等于 minConf。

上述两步骤中，第二步相对比较简单，算法的总体性能由第一步决定。因此，关联规则挖掘算法研究集中在频繁模式发现问题上。其中，最初和较具影响力的算法是由 R. Agrawal 等于 1994 年报道的 Apriori 算法[3]，该算法利用了下述反单调性质来压缩搜索空间。

性质 1.1（频繁项集反单调性） 频繁项集的所有非空子集都是频繁的，即，如果一个项集不是频繁的，那么它的所有超集也必然不是频繁的。

证明：根据定义，如果项集 I 不满足最小支持度阈值 minSup，即 $P(I)<\text{minSup}$，则对 I 添加任意项集 A，则有 $P(I\cup A)<P(I)<\text{minSup}$ 成立，因此，$I\cup A$ 为非频繁项集，即 I 的任意超集均为非频繁项集。性质成立。证毕。

Apriori 算法挖掘关联规则使用频繁项集反单调性质，采用逐层搜索的迭代方法，由候选项集生成频繁项集，最终由频繁项集得到关联规则。具体描述如下。

1. 频繁项集发现

Step1. 扫描所有事务，计算每项出现次数，产生频繁 1-项集集合 L_1。

Step2. 进行迭代循环，根据前一次的 L_{k-1} 得到频繁 k-项集集合 L_k，具体过程如下：

(1) $C_k=\text{apriori-gen}(L_{k-1})$，该函数由 join 步和 prune 步组成。

join 步对每两个有 $k-1$ 个共同项目的长度为 k 的模式进行连接，得到 C'_k；prune 步根据反单调性，对 C'_k 进行剪枝，得到 C_k。

(2) 扫描数据库一遍，确定每个事务 t 所含 k- 候选项集的支持度 subset(C_k, t)，并存放在 hash 表中。

(3) 去除支持率低于 minSup 的项集，得到 k- 频繁项集 L_k。

2. 由频繁项集产生关联规则

Step1. 对于每个频繁项集 l，产生 l 的所有非空子集。

Step2. 对于 l 的每个非空子集 s，如果满足 Confidence($s \Rightarrow l-s$) $\geqslant$ minConf，则输出 $s \Rightarrow l-s$。

根据上述方法，从而得到所有的强关联规则。

1.3 关联规则技术研究分类

自关联规则挖掘问题提出以后，该问题的研究呈现出多元化发展的趋势，我们可以把已有的主要工作分成三大方面：频繁、最大和闭合的挖掘，多种扩展形式的关联规则挖掘，以及关联规则挖掘后处理。

1.3.1 频繁模式、最大频繁模式和闭合频繁模式挖掘

由于关联规则挖掘问题可以分解成两个子问题：频繁项集生成以及根据给定的频繁项集生成关联规则，其中第一个问题在整个关联规则挖掘过程中最耗时间，因此，关联规则挖掘的研究也经常集中在频繁模式的高效发现上。

最初和较具影响力的 Apriori 算法已在前述 1.2.2 小节中进行了介绍。但因为 Apriori 算法需要多次扫描数据库，并且当支持阈较小时，容易出现呈爆炸式的“长”关联规则，因此，提出了对 Apriori 算法的改进，主要思路有：①控制候选集的规模；②减少数据库的扫描

次数。其中，比较典型的工作有：DHP 算法[4]在生成候选时，将 K 维子集放入 Hash 桶中，减少候选集数量；Partition 算法[5]将数据库分割成若干可调入内存的子库，分别求子库的频繁项集，再将并集作为整个数据库频繁项集的候选集；Sampling 算法[6]选取给定数据库的随机样本；动态模式计数法 DIC 算法[7]将数据库划分成标记开始点的块，可以在任意开始点添加新候选项集，从而动态评估项集支持度。

上述 Apriori 改进优化算法虽然在一定程度上优化了 Apriori 算法，但还是存在诸如：可能产生大量的候选集，无法对稀有信息进行分析等问题。因此，继 Apriori 及其改进算法之后，又产生了一批高性能频繁项集挖掘算法，如 TreeProjection 算法[8]逐步构建一棵字典序树，并将数据库投影到一系列投影子库中去；FP-Growth 算法[9]能挖掘全部频繁项集而不生成候选，采用分而治之策略，将数据库压缩到 FP-Tree，然后挖掘 FP-Tree 导出的条件数据库；伺机投影构造频繁模式树的 OpportuneProject 算法[10]同时采用基于树表示的虚拟投影、基于数组表示的非过滤投影，根据数据特性选择模式支持集表示方法以及投影方式；Yodho Giri Sucahyo 等提出 CT-PRO[11]算法采用高压缩频繁模式树 CT-Tree，该树具有比 FP-Tree 更好的压缩性能，同时避免了递归生成条件 FP-Tree 的开销，使用自底向上、非循环方式进行挖掘，从而可以取得非常理想的挖掘性能。

由于完全频繁模式中存在着大量的冗余模式，同时也考虑挖掘频繁闭合模式和最大频繁模式相关问题。频繁闭合模式是指不被任何其他具有相同支持率的频繁模式所包含的频繁模式，而最大频繁模式是指不被任何其他频繁模式所包含的频繁模式。挖掘频繁闭合模式的工作主要有：A-Close 算法[12]利用概念格技术，逐层递归产生 Generator 集合，来挖掘频繁闭合模式；Pascal 算法[13]采用基于模式计数推理策略，根据频繁关键模式推出所有其他频繁非关键模式；

Cristofor 等提出了利用 Galois 连接的 Closure、MaxClosure 和 AltMaxClosure 算法[14]；CLOSET 算法[15]利用了多项技术，包括建立 FP-Tree，使用前缀路径压缩快速识别频繁闭合模式，以及采用 Partition 投影机制等；CHARM 算法[16]提出了新颖的项集—事务标记双向搜索树机制；CLOSET+[17]算法集成了多种优化技术。最大频繁模式挖掘算法主要有：综合自下而上和从顶向下搜索方向的 Pincer-Search 算法[18]、集成了基于内存的深度优先搜索策略和多种剪枝机制的 MAFIA 算法[19]、采用基于频繁超集的 MaxMiner 算法[20]、基于深度优化搜索策略的 DepthProject 算法[21]以及 GenMax 算法[22]等。

1.3.2 多种扩展形式的关联规则挖掘研究

关联规则在最初的布尔型关联规则基础之上，根据不同实际问题的需要，得到了广泛的扩展，综述如下。

1. 关联规则在属性上的扩展

(1)单维和多维关联规则

在属性维度上进行扩展，可以得到单维关联规则和多维关联规则[23]。解决多维关联规则挖掘的关键在于数量型属性区间分割，其挖掘方法主要有三大类：使用量化属性的静态离散化方法、数量型关联规则方法[24]、基于距离的关联规则[23]。此外，最新的相关工作有：Yuefeng Li 等[25]提出使用多层粒度结构表示多维关联规则；Wanxin Xu 等[26]设计了新型多索引结构用于保存多维项集，然后进一步提出了融合统计思想的 MDIM 算法，仅需在 1-频繁项生成时扫描一次数据库，后续 k-项集生成无需再次扫描数据库。

(2)单层和多层关联规则

在属性概念层次上进行扩展，可以得到单层关联规则和多层关联规则[27-28]。多层关联规则本身具有同层关联规则、跨层关联规则两种基本类型。典型算法有 R. Srikant 等[27]提出的 Cumulate 算法和 J. Han 等[28]提出的 ML_TmLn 算法。Cumulate 算法对事务按概念层次进行扩展,同时保证祖先结点不同时出现在同一模式中;ML_TmLn算法提出不同层一致最小支持阈值、自顶向下逐层递减阈值两种策略进行搜索挖掘,但不支持跨层挖掘。

(3)加权关联规则

由于不同属性(项)具有不同的重要性,因此,根据重要性对属性进行赋值,可以得到加权扩展的关联规则[29-30]。典型工作有:C. H. Cai 等给出了基于 k-支持边界的布尔型加权关联规则挖掘算法 MINWAL(O)和 MINWAL(W);Wei Wang 等[31]从项集 Intensity 角度引出了加权关联规则;Feng Tao 等[32]提出了一种加权支持—重要性框架下的具有向下闭包性质的加权关联规则。

(4)模糊关联规则

关联规则中的前件属性(项)集和后件属性(项)集从普通集合推广到模糊集合时,可以得到关联规则模糊扩展[33-34]。它的模糊性引入主要有三种方式:第一,由数量型关联规则转换成布尔型关联规则的过程中引入;第二,多层关联规则中,由于不同层次项目间具有的模糊隶属性引入;第三,决策者惯于使用模糊词汇引入。最新的相关工作有:Mehmet Kaya 等[35-36]在挖掘模糊关联规则过程中,采用优化算法优化所得到规则的强壮性、感兴趣性和可理解性等目标;挖掘模糊关联规则过程中采用卡方检验考察相似属性的相关性,以提高所生成规则的质量[37]等。

2. 关联规则的其他扩展

除了在属性上进行扩展得到的关联规则外,还有其他不同情况下进行扩展得到的关联规则挖掘问题,主要有以下几个。

(1)带约束的关联规则挖掘

在生成规则时指定约束条件,得到的是带约束扩展的关联规则[38]。这些约束包括知识类型约束、数据约束、维和层约束、规则模板约束等，其算法主要有 MultipleJoins 算法[38]、Reorder 算法[38]、Direct 算法[38]和 Separate 算法[39]等。最新的相关工作有：Arnaud Soulet 等[40]提出 MUSIC-DFS 算法用于挖掘异质多数据集中使用原语表示的多种约束条件下的关联规则；M. Campos 等[41]提出了一种可以对定性时态约束进行有效表示和推理的形式化模型；Antur Bykowski 等[42]则提出了一种新颖的关联图约束。

(2)例外、意外关联规则挖掘

Einoshin Suzuki 等[43]为挖掘与常识相矛盾，同时具有较小支持度，但有用的关联规则，提出了例外关联规则挖掘问题。其挖掘方法为同时捕获常识规则和例外规则对，然后再对例外规则进行兴趣度评估。Olena Daly 等人[44]提出了一种基于负关联规则的例外关联规则发现方法，并使用新颖的 exceptionality 度量衡量候选例外规则的例外度。Huidong Jin 等[45]在健康管理数据库中挖掘潜在不良药物反应知识时，提出了意外时序关联规则挖掘的相关定义和描述，采用 unexpected-leverage 度量描述兴趣度，并提出挖掘算法 MUTARA。

(3)时序关联规则

时序关联规则[46]是在关联规则中增加了时间属性，例如“若周末下午茶在 3:00—5:00，则晚餐最佳营业时间为 7:00—9:00”，它具有片断关联规则[47-49]、序列关联规则[46]、日历型关联规则[50]多种形式。最新的相关工作有：Edi Winarko 等[51]研究在间隔型数据上挖掘富时态关联规则；Ling Chen 等[52]关注于一种新颖的间接时态关联规则挖掘问题，并提出了相应的 MG-Growth 挖掘算法；Keshri Verma 等[53]则提出了一种基于 T-Tree 和 P-Tree 的时态关联规则挖掘方法。

(4)空间关联规则

空间关联规则[54-55]是在空间特征情况下研究关联规则问题，根据空间谓词进行定义，其形式为“$p_1 \wedge p_2 \wedge \cdots \wedge p_n \Rightarrow q_1 \wedge q_2 \wedge \cdots \wedge q_m [s\%, c\%] (n > 0, m > 0, 0 \leqslant s, c \leqslant 100)$”，其中前件和后件都至少含有一个空间谓词，空间谓词可以是拓扑关系（如相离、相邻、覆盖等），空间方位（如左边、北边等）或者距离信息（靠近、交叉等）。空间关联规则挖掘的复杂性在于：空间对象关系的非清晰定义、空间对象具有多层次粒度。相关工作围绕这些挑战性问题进行：A. Appice 等[54]提出了基于 ILP 技术的 SPADA 算法，来挖掘多层次空间关联规则，并将其集成在 ARES 系统中；A. Appice 等在文献[56]进一步提出了基于图可视化技术的多层空间关联规则分析方法；Robert Bembenik 等[55]阐述了一种无需提供距离参数的空间同位关联规则的挖掘方法。

（5）负关联规则

负关联规则[57]是普通关联规则问题的补问题，即“一个客户购买某一项集的商品，将不会购买何种类型的商品”这样的问题，例如“70%购买土豆的顾客将不会购买洗衣粉”就是一个负关联规则。挖掘负关联规则将遭遇一些富有挑战性的新问题：首先，负关联规则涉及许多非频繁项集，因此，其关键问题之一是如何发现非频繁项集，以及由此产生的搜索空间指数倍增长问题；其次，如何有效地同时产生正、负关联规则等。围绕这些问题，Xindong Wu 等人[58]给出了一种 PR 模型，可以同时挖掘正、负关联规则；Xiangjun Dong 等人[59]给出了多层最小支持度模型 MLMS，同时采用最小置信度和相关系数挖掘正、负关联规则；文献[60]给出了一种使用多个最小支持度阈值以及卡方检验的正、负关联规则挖掘算法 PNARMC。

（6）分类关联规则

分类关联规则可以看做是一类特殊的关联规则，它将关联规则技术应用于构建分类器，最早于 1998 年由 B. Liu 等[61]提出并逐渐吸引了许多研究者的注意。相关工作围绕于使用分类关联规则构建高精度分类器的挑战性问题：增量学习[62]、规则排序[61,63]、训练测试集中噪声数据对关联规则分类器的影响[64]、多分类标签关联规则提取问题[65]。

(7)兴趣度度量及其关联规则挖掘

鉴于支持度—置信度框架存在的一些不足，产生了兴趣度度量及其关联规则挖掘相关工作。第一，是对于兴趣度度量的研究，探讨“什么才是有意义的关联规则”问题，如 E. Omiecinski 等人[66]提出了 Any-confidence、All-confidence、Bond 三种兴趣度度量；Pang-Ning Tan[67]讨论了在不同应用中选择合适兴趣度度量的问题。第二，是对由不同兴趣度得到的模式及其规则进行挖掘，如 Sergey Brin 等[68]使用 Interest 度量和卡方检验表征相关性，来挖掘关联规则；Zhong-mei Zhou 等[69-71]提出了挖掘关联且相关频繁项集及其规则的问题；贺志等[72]提出了一种基于残差分析的相关性关联规则的发现方法；文献[73]提出了一种基于强集模型的兴趣度检测方法，着重于数据集相关性检验，既有很高的计算效率又有较好的统计特性。

(8)其他

Grzegorz Protaziuk 等[74]提出基于统计验证原理的方法，挖掘不完整事务数据库环境下的关联规则；为解决“稀有项困境”，Bing Liu 等[75]引入了具有多个最小支持度的关联规则挖掘问题；M. J. Zaki 等[76]关注于并行、分布式关联规则挖掘；Zbigniew W. Ras 等[77]提出了挖掘可行动规则；Angelina Tzacheva 等[78]提出了基于 A^*-类启发策略的满足用户可行性、最大代价、置信度等约束的兴趣可行动规则挖掘方法；Chun-Kit Chui 等[79]使用概率框架从不确定型数据中挖掘频繁模式；Yun Sing Koh 等[80]引入 MIISR 算法挖掘零星关联规则，这些规则的支持度位于最大支持度阈值(Maxsup)之下，但处于随机期望支持度之上；Y. Li 等[81-82]阐述了新颖的粗糙关联规则及其在 Web 文档信息采集中的应用；为避免从低质量源数据所产生的关联规则造成误导，Laure Berti-Equille 首先提出质量知晓的关联规则（Quality-aware association rules）[83-84]概念，并利用基于代价的概率模型来选择合理兴趣规则等。

1.3.3 关联规则挖掘后处理

我们将关联规则挖掘后处理分成两大类进行讨论，其一是规则聚类、检索、可视化、交互等，其二是规则增量更新。

1. 聚类、检索、可视化、交互等

对于大型数据库，关联规则挖掘容易阐述数以千计的规则，对挖掘后规则进行诸如剪除[86-87]、概括[87]、分组[86,88]、聚类[89]、检索（包括查询）[90-91]、可视化[92]及交互[93]等工作，有助于用户采取自上而下的探索式分析。

其主要工作有：Liu B. 等[87]使用 direction setting(DS)规则来概括所有发现的关联规则，DS 规则给出了所有发现关联规则的行为模式，非 DS 规则仅仅是在 DS 规则上添加了附加信息而已，因此，可以删除包含较少附加信息的非 DS 冗余规则；H. Toivonen 等[86]通过形成 rule cover 来对规则进行删减，然后在对关联规则进行聚类分组；Jochen Hipp 等[94]使用了基于规则缓存的关联规则检索新机制，可以有效减少重复运行挖掘算法次数；Mika Klemettinen 等[95]研发了基于规则模板的关联规则查询语言，来对规则进行查询；B. Lent 等[89]和 Xiaoyong Du 等[96]研究了数值型和多维关联规则的聚类问题；Gunjan K. Gupta 等[98]提出了一个使用多维放缩（Multi-dimensional scaling，MDS）和自组织图（Self organizing maps，SOMs）的聚类分组新方法；阮备军等[97]借助商品分类信息计算商品项目之间的距离，可以有效地得到聚类结果；Annalisa Appice 等[56]采用基于图的可视化技术分析多层空间关联规则；等等。

2. 增量挖掘

Cheung D. W. 等[99]首先提出了关联规则增量挖掘（也叫增量更

新)问题,即考虑已发现的关联规则随各种原因引起的失效情形下,需要设计高效算法对已挖掘频繁项集或关联规则进行更新、管理和维护。

引起关联规则失效或需要更新的原因可能是多方面的:第一类是对给定交易数据库,支持度阈值不变,而有新的交易数据集添加,引起规则更新;第二类是交易数据集不变,而最小支持度阈值和最小置信度阈值发生改变,引起规则失效或更新;第三类是由于时间改变而引起的规则失效;第四类是由于约束条件改变而引起的规则更新,以及由于分类结构变迁导致层次关联规则更新。当前,对频繁项集的增量更新算法主要有:FUP 算法和 FUP2 算法[100]、IUA 算法[101]、PIUA 算法[101]、FUFI 算法[102]、FIUA 算法[103]、基于 PG-List 的 IUABPGL更新算法[104]等。对于由于约束条件发生改变,而引起的约束关联规则更新问题,寇育敬等[105]提出了相应的更新维护算法 Separate-M。对于由于分类结构变迁而导致层次关联规则更新问题,Ming-Cheng Tseng 等[107]提出了基于 IDTE 算法的更新解决方案;而 S. D. Lee 等[106]则使用 DELI 算法对是否需要进行更新问题进行了考虑,以避免盲目更新。

1.4 问题的提出

当前,关联规则技术已取得了丰富的成果,但由于不同应用领域的实际需要,以及普通关联规则自身所存在的一些不足,它还存在着如下一些亟须克服的困难。

1. 如何进一步提高关联规则的质量

由于现有的关联规则挖掘技术容易产生数以千计的关联规则,而其中绝大多数关联规则都是无意义的、冗余的,甚至是误导的[72,108]。因此,需要进一步提高所生成关联规则的质量,从而有利于关联规则在实际应用中取得较为理想的效果。当前的相关工作围绕于使用新的兴趣度，如 Lift 度量[68]、All-Confidence[66]度量、卡方检验[68]等。

2. 如何使关联规则能反映自身动态变化的情况

现有关联规则技术认为所发现的关联规则是静态的和永恒有效的，但实际上，关联规则的有效性是在随时间发生动态改变的[109-110]。如何使关联规则在给出其蕴涵式的同时，能够反映其动态性质，是一个值得深入研究的问题。

3. 如何更有效地组织、处理挖掘得到的关联规则

由于关联规则挖掘很容易得到大数量级的规则，用户感兴趣的关联规则必须从这几千条关联规则中进行寻找。因此，我们需要考虑如何有效地组织、处理所挖掘的结果，以方便用户采取自上而下的浏览、探索、分析和决策。相关的工作包括关联规则分组[86]、聚类[89,96]、检索[90,91]等。

4. 开发新型扩展型关联规则模型的实际需要

不同扩展类型的关联规则具有不同的应用范围，在不同应用环境下，我们需要开发不同类型的扩展型关联规则模型，以满足用户的实际需要。

第 2 章 >>>

基于相关兴趣度的关联规则挖掘

2.1 引 言

当前,基于支持度—置信度框架的关联规则挖掘已得到广泛而深入的研究。它可以有效提取前项集和后项集之间的潜在而有意义的关联关系,其形式化表示为:$\{x_1,x_2,\cdots,x_m\}\Rightarrow\{y_1,y_2,\cdots,y_n\}$,$m\geqslant 1,n\geqslant 1$,且满足 $P(x_1,x_2,\cdots,x_m,y_1,y_2,\cdots,y_n)\geqslant s$,$P(y_1,y_2,\cdots,y_n\mid x_1,x_2,\cdots,x_m)\geqslant c$,其中,$s$ 为最小支持度阈值,c 为最小置信度阈值,$P(\cdot)$ 为概率,$P(\cdot|\cdot)$ 表示条件概率(本章后文 $P(\cdot)$,$P(\cdot|\cdot)$ 含义相同)。

但上述基于支持度—置信度兴趣度度量的关联规则挖掘容易产生大量无意义的、冗余的,甚至是误导的关联规则。例如,某商品数据库中,P(咖啡)$=50\%$,P(咖啡,茶)$=5\%$,P(咖啡 | 茶)$=25\%$,如果以最小支持度 2%进行挖掘,可以发现频繁模式{咖啡,茶叶}[sup=5%],从而产生规则“茶叶⇒咖啡 (sup=5%,conf=25%)”。如果应用该规则,并不能促进咖啡的销售,相反将使咖啡的销售概率从先验的 50%跌到后验的 25%,其原因就在于前后项集商品组“咖啡”和“茶”属于负相关商品(即可以互为替代)。

为解决上述问题,研究者提出了基于相关兴趣度的关联模式及其关联规则挖掘问题[68-72,108,111-112],其工作主要围绕于如下两个方面进行。首先,对于相关兴趣度度量的研究,目前尚没有形成一个被广泛接受的相关度度量。比较典型的工作有：E. Omiecinski[66]提出了Any-confidence、All-confidence、Bond 三种兴趣度度量；Pang-Ning Tan[67]讨论了在不同应用中选择合适兴趣度度量的问题；Hui Xiong 等[111]独立提出了 h-confidence 度量，该度量与 E. Omiecinski 等[66]的 All-confidence 度量等价。其次，是对不同类型的相关模式及其关联规则进行挖掘，它们分别采用了不同的相关度度量：Sergey Brin 等[68]使用 Interest 度量和卡方检验来表征相关性，并提出了相应的挖掘方法；Hui Xiong 等[111]采用支持度阈值、h-confidence 阈值挖掘高相关关联模式，并命名为超团模式；Zhongmei Zhou 等[69-71]提出了挖掘关联且相关频繁项集及其规则的问题，并使用支持度、相关置信度(Corr-confidence)以及全置信度(All-confidence)来描述关联且相关模式；Won-Young Kim 等[112]提出了一种置信度闭合的相关模式，该模式需要同时满足最小支持度阈值、最小 All-confidence 阈值以及置信度闭合条件；贺志等[72]提出了一种基于残差分析的相关性关联规则的发现方法。

本章在已有的基于相关兴趣度的关联规则挖掘工作基础上，进行了几方面的研究工作：第一部分工作是提出了一种新的相关兴趣度度量：All-item-confidence，系统而深入地研究了这种新的相关兴趣度度量的性质、适宜应用的范围；第二部分工作是提出了基于 All-item-confidence 的项集正相关关联规则挖掘，并给出了相应的挖掘算法，测试了算法性能、剪枝效果及其实际应用效果；第三部分工作是提出了基于 All-item-confidence 和前后项集相关度量的项项且项集正相关关联规则挖掘问题，给出了相关的定义描述、性质及其挖掘方法，然后测试了算法的性能和效果，表明方法的有效性。

2.2　一种新的相关兴趣度度量

2.2.1　已有的关联和相关兴趣度度量

鉴于不同的相关性度量有不同的含义、属性和适用范围，所以有必要根据不同的实际应用来选择合适的相关和关联兴趣度度量。Pang-Ning Tan[67]等系统地研究了如何根据不同的主观性要求来选择相应的相关度量，提出了评价度量合适性的一些期望性质，如变量变换对称性、行列伸缩不变性、反演不变性等。

目前，最普遍被使用的相关模式度量为卡方检验[68]：H. Liu 等[113]利用卡方检验有效挖掘低支持度但高相关性的弱模式；Zahra Farzanyar 等[37]使用卡方检验测试不同属性间的相关性，以减少所产生的模糊关联规则数量。卡方检验可以有效检测具有统计相关的相关模式，其有效适用范围是同时考虑各项目和项目补集发生概率的情形。E. Omiecinski 等[66]提出的 All-confidence 也已被广泛应用于相关和关联兴趣度度量：Zhongmei Zhou 等[69-71]采用 All-confidence 度量关联且相关频繁模式的关联度；Won-Young Kim 等[112]使用 All-confidence度量构建置信度闭合的相关模式；Young-Koo Lee 等[114]直接挖掘 All-confidence 度量的相关模式。此外，比较典型的还有 lift 度量[68]、∅-coefficient[115]、Piatetsky-Shapiro 所定义的度量[117]、Zhongmei Zhou 等定义的 Corr-confidence[69-71]等。

2.2.2　All-item-confidence 相关兴趣度度量

由于不同的相关性度量具有不同的实际含义，为适应不同应用的需要，我们提出了一种新的相关性兴趣度度量：All-item-confidence，用于度量项集中项项之间的正相关性。

1. All-item-confidence 定义及其性质

All-item-confidence 度量所表达的含义为：如果一个模式中所有项之间的相关性大于或等于最小 All-item-confidence 阈值，则该模式可以看做是感兴趣的。其形式化描述如下。

定义 2.1（All-item-confidence 度量） 给定一个模式 $X=\{i_1,i_2,\cdots,i_n\}$，$n>1$，则 X 的 All-item-confidence 度量 $L(X)$ 可以被定义为

$$L(X)=\min\left\{\frac{P(i_j,i_k)-P(i_j)P(i_k)}{P(i_j,i_k)+P(i_j)P(i_k)}\mid \forall j,\forall k\in 1,2,\cdots,n;j\neq k\right\} \tag{2.1}$$

该相关性度量具有非常好的性质：首先，它具有合适的上下界 $[-1,1]$，可以有效估计模式的相关程度，容易对输入参数进行控制和调节；其次，当模式中的项两两独立时，有 All-item-confidence 相关性度量 $L(X)$ 为 0，其值大于 0 时，表示模式中的项两两正相关，小于 0 时，则模式中必有负相关的两项；第三，具有良好的反单调性质，可以利用该性质提高算法性能；第四，当模式 X 满足 $L(X)\geqslant L$ $(1\geqslant L>0)$ 时，可以确保该模式中的任意两项 A 和 B，满足："B 发生的概率足够小于 A 发生的条件下 B 发生的条件概率"，可以利用该性质促进 B 的发生；最后，当模式 X 满足 $L(X)\geqslant L$ $(1\geqslant L>0)$ 时，则 X 中任意一项的发生，均确实能 $\frac{1+L}{1-L}$ 倍提高 X 中其余项发生的可能性，该性质可以用于促销整个模式 X 中的商品项，具有非常好的应用价值。下面，我们给出这些性质的描述及其相应的证明。

性质 2.1 对于给定的模式 $X=\{i_1,i_2,\cdots,i_n\}$，All-item-confidence 度量 $L(X)$ 具有上下界：$-1\leqslant L(X)\leqslant 1$。

证明：

$$(1)\ L(X)=\min\left\{\frac{P(i_j,i_k)-P(i_j)P(i_k)}{P(i_j,i_k)+P(i_j)P(i_k)}\mid \forall j,\forall k\in 1,2,\cdots,n;j\neq k\right\}$$

$$\leqslant\frac{P(i_1,i_2)-P(i_1)P(i_2)}{P(i_1,i_2)+P(i_1)P(i_2)}\leqslant\frac{P(i_1,i_2)}{P(i_1,i_2)+P(i_1)P(i_2)}\leqslant 1$$

(2) $\forall j, \forall k \in 1,2,\cdots,n; j \neq k$,

$$\frac{P(i_j, i_k) - P(i_j)P(i_k)}{P(i_j, i_k) + P(i_j)P(i_k)} \geqslant \frac{-P(i_j)P(i_k)}{P(i_j, i_k) + P(i_j)P(i_k)} \geqslant -1$$

$$\therefore L(X) = \min\left\{\frac{P(i_j, i_k) - P(i_j)P(i_k)}{P(i_j, i_k) + P(i_j)P(i_k)} \mid \forall j, \forall k \in 1,2,\cdots,n; j \neq k\right\}$$

$$\geqslant \min\{-1, -1, \cdots, -1\} = -1$$

性质成立。证毕。

性质 2.2　对于给定的模式 $X = \{i_1, i_2, \cdots, i_n\}$，All-item-confidence 度量 $L(X)$ 有下述命题成立：

(1) 当 $i_1, i_2, \cdots, i_n$ 两两独立时，有 $L(X) = 0$；

(2) 当 $L(X) > 0$ 时，X 中的项两两正相关；

(3) 当 $L(X) < 0$ 时，X 中必然存在着负相关的两项。

证明：

(1) 当 $i_1, i_2, \cdots, i_n$ 两两独立时，有 $\forall j, \forall k \in 1,2,\cdots,n; j \neq k$，$P(i_j, i_k) = P(i_j)P(i_k)$，则有 $L(X) = \min\{0,0,\cdots,0\} = 0$，(1) 得证。

(2) 当 $L(X) > 0$ 时，根据 $L(X)$ 的定义，则有：$\forall j, \forall k \in 1,2,\cdots,n$; $j \neq k$，$\frac{P(i_j, i_k) - P(i_j)P(i_k)}{P(i_j, i_k) + P(i_j)P(i_k)} > 0$，$\therefore P(i_j, i_k) > P(i_j)P(i_k)$，即有 i_j, i_k 正相关。因此，当 $L(X) > 0$ 时，X 中的项两两正相关，(2) 得证。

(3) 反证，假设 X 中不存在负相关的两项，即 X 中的项两两正相关，则有：

$$\forall j, \forall k \in 1,2,\cdots,n; j \neq k, \frac{P(i_j, i_k) - P(i_j)P(i_k)}{P(i_j, i_k) + P(i_j)P(i_k)} > 0$$

$\therefore L(X) > 0$，与 $L(X) < 0$ 矛盾。

所以假设不成立，(3)得证。

证毕。

性质 2.3　如果模式 $X' \subset X$，满足 $L(X) \geqslant L$，L 为最小 All-item-confidence 阈值，则有 $L(X') \geqslant L$，即 All-item-confidence 度

量 $L(X)$ 具有反单调性质。

证明：设 $X' = \{i_1, i_2, \cdots, i_m\}$，$X = \{i_1, i_2, \cdots, i_m, i_{m+1}, \cdots, i_n\}$，则有：

$$\begin{aligned}L(X') &= \min\left\{\frac{P(i_j, i_k) - P(i_j)P(i_k)}{P(i_j, i_k) + P(i_j)P(i_k)} \mid \forall j, \forall k \in 1,2,\cdots,m; j \neq k\right\} \\ &\geqslant \min\left\{\frac{P(i_j, i_k) - P(i_j)P(i_k)}{P(i_j, i_k) + P(i_j)P(i_k)} \mid \forall j, \forall k \in 1,2,\cdots,n; j \neq k\right\} \\ &= L(X) \geqslant L\end{aligned}$$

性质成立。证毕。

性质 2.4 给定模式 X，如果满足 $L(X) \geqslant L$，L 为最小 All-item-confidence 阈值，则对于 X 中的任意两项 i_1, i_2，均有 $P(i_1 \mid i_2) \geqslant \frac{1+L}{1-L}P(i_1)$，$P(i_2 \mid i_1) \geqslant \frac{1+L}{1-L}P(i_2)$ 成立。

证明：$L(X) \geqslant L$，根据性质 2.2，$L(i_1, i_2) \geqslant L$，即 $L(i_1, i_2) = \frac{P(i_1, i_2) - P(i_1)P(i_2)}{P(i_1, i_2) + P(i_1)P(i_2)} \geqslant L$，可以推出 $\frac{P(i_1, i_2)}{P(i_1)P(i_2)} \geqslant \frac{1+L}{1-L}$，$\therefore P(i_1 \mid i_2) \geqslant \frac{1+L}{1-L}P(i_1)$，$P(i_2 \mid i_1) \geqslant \frac{1+L}{1-L}P(i_2)$，性质成立。证毕。

性质 2.4 表明：对于满足最小 All-item-confidence 阈值 L 的模式 X，$1 \geqslant L > 0$，对于该模式中的任意两项 i_1 和 i_2，有 $P(i_1 \mid i_2)$ 大于等于 $\frac{1+L}{1-L}$ 倍的 $P(i_1)$，$P(i_2 \mid i_1)$ 大于等于 $\frac{1+L}{1-L}$ 倍的 $P(i_2)$。由于在 $1 \geqslant L > 0$ 下，$\frac{1+L}{1-L} > 1$，因此，可以保证："i_2 发生的概率足够小于 i_1 发生的条件下 i_2 发生的条件概率。"该性质可以较好地提升 i_2 发生的可能性。

推论 2.1 给定模式 X，如果满足 $L(X) \geqslant L$ $(1 \geqslant L > 0)$，L 为最小 All-item-confidence 阈值，则其中任意一项的发生，均确实能 $\frac{1+L}{1-L}$ 倍提高 X 中其余项发生的可能性。

证明：根据性质 2.4，对于模式 X，如果 $L(X) \geqslant L(1 \geqslant L > 0)$，则 $\forall i,j \in X, i \neq j$，有 $P(j \mid i) \geqslant \frac{1+L}{1-L}P(j)$ 成立。因此，i 项的发生确实能提高 X 中其余项发生的可能性，推论成立。证毕。

推论 2.1 表明：X 中任意一项的发生，均能 $\frac{1+L}{1-L}$ 倍提高其余项的发生，即可以同时促销整个模式 X 中的商品项，因此，具有非常好的实际应用价值。

2.2.3　All-item-confidence 与 All-set-confidence 之间的关系

1. 两个度量之间的关系

如果我们将 Zhongmei Zhou 等[70]在互为正相关频繁模式挖掘中所应用的互为正相关模式约束命名为 All-set-confidence 相关性度量的话，则 All-item-confidence 和 All-set-confidence 之间有如下引理：

引理 2.1　给定模式 X，则 All-item-confidence 度量 $L(X)$、All-set-confidence 度量 $\rho(X)$ 之间有下述关系成立：$L(X) \geqslant \rho(X)$。

证明：

$$L(X) = \min\left\{\frac{P(i_j,i_k)-P(i_j)P(i_k)}{P(i_j,i_k)+P(i_j)P(i_k)} \mid \forall j, \forall k \in 1,2,\cdots,n; j \neq k\right\}$$

$$\geqslant \min\left\{\frac{P(A,B)-P(A)P(B)}{P(A,B)+P(A)P(B)} \mid \forall A,B \subset X, A \neq \varnothing, B \neq \varnothing\right\} = \rho(X)$$

引理成立。证毕。

上述引理表明：All-set-confidence 度量是比 All-item-confidence 度量相关性约束更强，这是由于 All-item-confidence 仅要求项间两两正相关，而 All-set-confidence 则要求所有子集互为正相关。如果我们使用 v 值作为最小 All-item-confidence 阈值，所得到的模式集合将包含使用 v 值作为最小 All-set-confidence 阈值的模式集合。

All-item-confidence 和 All-set-confidence 两者之间的关系可以

用图 2-1 形象表示。

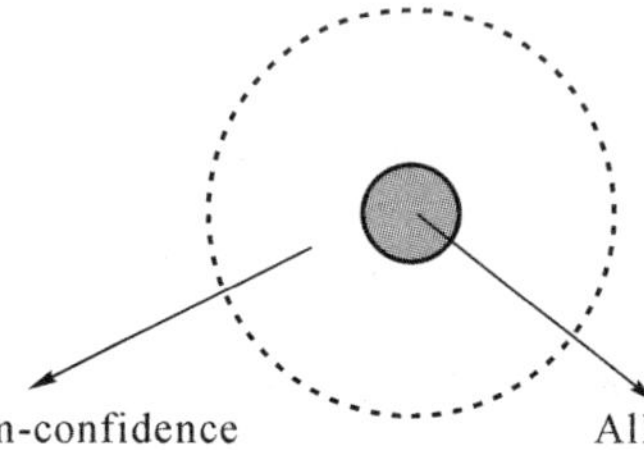

图 2-1 All-item-confidence 和 All-set-confidence 度量之间的关系

2. 两个度量的适用范围

由于 All-item-confidence 和 All-set-confidence 度量具有不同的相关性含义,因此适用于不同的应用需求。All-item-confidence 适用于度量模式中项与项之间正相关的情形,如求解关联束挖掘[111]等问题;而 All-set-confidence 度量约束性相当强,适宜于挖掘互为正相关频繁模式[70]等。

2.2.4 All-item-confidence 与卡方检验之间的关系

卡方检验(也记作 χ^2 检验)[68]是一个非常著名的统计检验方法,它非常适合于度量项之间的相关性或非相关性。为两个项计算卡方统计值首先需要构建两个列联表(Contingency tables),即观测列联表(Observed contingency table)和期望列联表(Expected contingency table)。然后其卡方统计量可以按以下方式计算[210]:

$$\chi^2 = \sum_{0 \leqslant i,j \leqslant 1} \frac{(\text{observed}_{i,j} - \text{expected}_{i,j})^2}{\text{expected}_{i,j}}$$

其中,$\text{observed}_{i,j}$ 和 $\text{expected}_{i,j}$ $(0 \leqslant i,j \leqslant 1)$ 分别是观测列联表和期望列联表中的元素。

All-item-confidence 与卡方检验主要的区别包括以下几个方面:

(1)卡方检验通常用于检验两个项之间的相关性,而 All-item-confidence 用于测试一个模式自身的相关性，而模式自身往往包含两个或者更多的项。

尽管卡方检验可以扩展成测试一个模式的相关性，该模式包含两个或多个项，但高的卡方检验值只能表示该模式中存在两个项，它们之间是相互依赖和相关的，而不是任意两项。

(2)卡方检验可以测得两个项之间的相关程度，但它不能直接区分是正相关还是负相关。为了测得相关的正/负性，往往需要另一个度量来配合卡方检验进行测量。

例如，在文献[68]中，Brin 等同时采用了 χ^2 检验和兴趣度度量来检查所有可能的项对组合。文献[87]中，对于一个给定的关联规则 $A \Rightarrow B$，Liu 等首先采用 χ^2 检验来测试关联规则的相关性，然后再将 f_0/f 与 1 相比较，其中 f_0 是 $\{A,B\}$ 的观测频率，f 是期望频率。因为 f_0/f 的值等于 $\frac{P(A \cap B)}{P(A)P(B)}$，所以实际上它仍然是兴趣度度量[68]。因此，文献[87]同样应用了 χ^2-兴趣度测试来检验相关性。

(3) 在典型的购物篮分析中，使用 χ^2 检验需要满足一定的前提条件。卡方检验需要数据近似满足两项式分布(binomial distribution)，如果期望值过小的话，可能会导致这种近似条件不满足[68]。

2.3　购物篮中关联规则的应用类型分析

从应用角度看，在购物篮分析问题中，我们可以将基于支持度、置信度兴趣度度量所产生关联规则的实际应用归纳为两大类型：

类型 1:前后项集对称型应用

前后项集对称型应用将前项集和后项集放在相互等同的位置上，如货架安排、捆绑式销售等。

类型 2:前后项集非对称型应用

前后项集非对称型应用将前后项集放在不对称的位置上，希望通过前项集的销售来促进后项集的销售,如制定交叉销售策略等。

由于传统的基于支持度—置信度度量的关联规则容易产生大量无意义的、冗余的,甚至是误导的关联规则,为更好地解决上述两种类型的购物篮应用,我们分别提出了项项正相关关联规则挖掘问题和项项且项集正相关关联规则挖掘问题。

2.4 基于 All-item-confidence 的项项正相关关联规则挖掘

2.4.1 项项正相关关联规则挖掘问题的提出

在解决前后项集对称型应用,如货架安排、捆绑式销售问题上,由频繁模式得到的普通关联规则存在着如下局限:

局限 1:当最小支持度阈值设置较低时,将产生大量包含交叉支持模式的可疑频繁模式[108]。

所谓交叉支持模式[108]是指模式中包含具有不同支持层次的商品项,这些可疑频繁模式并不能真正表示蕴含关系,而仅仅是一种并发关系。

例如,{牛奶,鱼子酱},由于"牛奶"是具有较高支持度的商品项,而鱼子酱则是具有较低支持度的商品项,我们发现这样的交叉支持模式也不会觉得奇怪,但这样的模式仅表示两者之间的并发关系,而不是真正的蕴含关系。因此,对用户并没有太大的用处。

局限 2:当最小支持度阈值设置较低时,将产生大量包含负相关商品项的可疑关联规则。

这些可疑关联规则是由包含负相关商品项的可疑频繁模式引起的,它们同样并不能真正表示蕴含关系,而仅仅是一种并发关系。

实际上,用户真正倾向于一起购买的是项项正相关的频繁购物篮，而出现包含负相关商品项的频繁项集的原因仅在于其项项正相关频繁子项集的高支持性。

例如，以 minSup 为 1%挖掘某事务数据库，发现如下三条可疑强关联规则：

r_1：{Dell 电脑，联想电脑} ⇒ {Office 软件} [s=1.5%，c=68%]

r_2：{Dell 电脑} ⇒ {联想电脑，Office 软件} [s=1.5%，c=55%]

r_3：{联想电脑} ⇒ {Dell 电脑，Office 软件} [s=1.5%，c=50%]

这三条规则是由包含负相关商品项的可疑频繁模式：{Dell 电脑，联想电脑，Office 软件} [s=1.5%] 产生的。由于项项正相关模式{Dell 电脑，Office 软件} [s=30%]与{联想电脑，Office 软件} [s=39%]的高支持度，出现{Dell 电脑，联想电脑，Office 软件}这样的包含负相关商品项的频繁模式并不奇怪，但它却是易误导的。因为通过 r_1，用户会误以为 Office 软件的购买是由于“Dell 电脑”和“联想电脑”的共同销售引起的。如果应用该规则，制定{Dell 电脑，联想电脑，Office 软件}这样的捆绑式促销策略，并不能引起用户太大的兴趣，因为其中包含了可以互为替代的负相关商品项“Dell 电脑”和“联想电脑”。

为克服上述局限，我们提出了一种新颖的关联规则挖掘问题——项项正相关关联规则挖掘，并采用 All-confidence 关联兴趣度度量和 All-item-confidence 相关兴趣度度量挖掘关联且项项正相关频繁模式，然后进一步得到项项正相关关联规则。

2.4.2　兴趣度度量的选取

1. All-item-confidence 相关兴趣度度量的选取

Zhongmei Zhou 等[69]采用新定义的 Corr-confidence：$\rho(X) = \dfrac{P(i_1, i_2, \cdots, i_n) - P(i_1)P(i_2)\cdots P(i_n)}{P(i_1, i_2, \cdots, i_n) + P(i_1)P(i_2)\cdots P(i_n)} (n \geqslant 1)$ 描述模式 X 的相关度，可以确保 X 中包含正相关的两个子集，但无法确保所生成的关联规

则具有项项正相关性，因此，不适宜于挖掘项项正相关关联规则。Zhongmei Zhou 等[70]采用 2.2.3 小节所讨论的 All-set-confidence 度量来挖掘关联且互为正相关频繁模式，可以得到项项正相关关联规则，但其所定义的相关性条件显然过强，它将过滤许多满足项项正相关但不满足所有子集正相关的频繁模式。Lift 度量 $P(AB)/P(A)P(B)$[68] 由于没有合适的上下界，用户没有办法对相关性进行调节，因此，同样不适合挖掘项项正相关关联规则。

而根据 2.2.2 小节对 All-item-confidence 度量的讨论可知，All-item-confidence 度量不仅具有合适的上下界，而且可以保证在满足 $L(X) \geqslant L\ (1 \geqslant L > 0)$ 的前提下，模式 X 中任意一项的发生，均确实能$\dfrac{1+L}{1-L}$倍提高 X 中其余项发生的可能性，从而可以促销整个模式 X 中商品项的销售，因此，特别适宜于解决前后项集对称型应用问题。由于该度量检验了项项之间的正相关性，因此，它可以有效保证所产生的模式 X 不包含负相关商品项可疑模式。此外，All-item-confidence 具有良好的反单调性质，可以有效利用该性质提高算法性能。

基于上述考虑，我们选择 All-item-confidence 度量作为模式相关性的度量。

2. All-confidence 关联兴趣度度量的选取

目前，最为常用的关联度量是由 E. Omiecinski 等[66]和 Hui Xiong 等[108]分别独立提出的 All-confidence 和 h-confidence，这两个度量完全等价。该度量描述如下：

定义 2.2(模式的 All-confidence 度量) 给定一个模式 $X = \{i_1, i_2, \cdots, i_n\}$，则 X 的 All-confidence 度量可以被定义为：

$$\text{max\_item\_sup}(X) = \max\{\sup(i_j) \mid \forall\, i_j \in X\} \qquad (2.2)$$

$$\text{all\_conf}(X) = \frac{\sup(X)}{\text{max\_item\_sup}(X)} \qquad (2.3)$$

根据上述定义，如果一个模式 X 的 All-confidence 大于等于最小 All-confidence 阈值，则可以推出该模式中的任意两项 A 和 B，均有条件概率 $P(A \mid B)$ 和 $P(B \mid A)$ 大于等于最小 All-confidence 阈值，从而保证任意两项 A 和 B 之间具有足够的关联强度。与此同时，Hui Xiong 等[108]已指出 All-confidence 度量具有交叉支持性质，利用该性质，可以有效去除交叉支持可疑模式。此外，该度量还具有重要的反单调性质，利用该性质可以有效提高算法性能。

因此，我们选择 All-confidence 作为模式关联性的度量。

2.4.3　基于 All-item-confidence 度量的项项正相关关联规则挖掘

下面，我们给出关联且项项正相关频繁模式，项项正相关关联规则相关定义。

定义 2.3（项项正相关模式）　模式 X 被称为是项项正相关模式，当且仅当 $L(X) \geqslant L$ 成立，其中 L 为最小 All-item-confidence 阈值。

根据 All-item-confidence 的反单调性，若一个模式是项项正相关模式，则该模式的任意子集均为项项正相关模式，其 All-item-confidence度量均大于等于最小 All-item-confidence 阈值。

在项项正相关模式的逐层迭代生成过程中，还可以进一步利用如下的 All-item-confidence 增量检查性质，以提高算法性能：

性质 2.5　设模式 $X_1 = \{i_1, i_2, \cdots, i_{n-2}, i_{n-1}\}$，$X_2 = \{i_1, i_2, \cdots, i_{n-2}, i_n\}$ 为$(n-1)$- 项项正相关模式，则由 X_1 和 X_2 连接生成 n- 项项正相关候选模式 $X = \{i_1, i_2, \cdots, i_{n-2}, i_{n-1}, i_n\}$ 时，仅需增量检查项 i_{n-1} 和项 i_n 之间的相关性是否满足最小项项正相关阈值 L，即可判断 X 是否为项项正相关模式。

其证明由项项正相关模式定义易得。

定义 2.4(关联模式) 模式 X 被称为是关联模式,当且仅当 $all\_conf(X) \geq \lambda$ 成立,其中 λ 为最小 All-confidence 阈值。

同样,根据 All-confidence 的反单调性,若一个模式是关联模式,则可知该模式的任意子集均为关联模式。关联模式可以确保项项之间具有足够的关联性,且去除了交叉支持可疑模式。

定义 2.5(关联且项项正相关模式) 如果一个模式 X 既是关联模式,又是项项正相关模式,则可以称该模式为关联且项项正相关模式。

关联且项项正相关模式同样具有反单调性。

定义 2.6(关联且项项正相关频繁模式) 如果一个关联且项项正相关模式支持度大于等于最小支持度阈值 minSup,则可以称此模式为关联且项项正相关频繁模式。

根据关联且项项正相关模式和频繁模式的反单调性,易知关联且项项正相关频繁模式具有反单调性,利用该性质可以有效缩减候选关联且项项正相关频繁模式的规模,以提高算法性能。同时,该模式中任意一项的发生,均能提高其余项发生的可能性,即促进其余项的销售。

定义 2.7(项项正相关关联规则) 我们将由关联且项项正相关频繁模式 X 所生成的关联规则 $A \Rightarrow X - A\ (A \subset X, A \neq \varnothing)$,称为是项项正相关关联规则。

由于关联且项项正相关频繁模式去除了可疑频繁模式,它包含了用户真正倾向于一起购买的购物篮,因此,其所产生的项项正相关关联规则适宜于用户解决前后项集对称型问题,如制订相应的捆绑式销售计划、货架安排等,可以取得比普通关联规则更好的效果。

下面,我们使用例 2-1 来描述上述相关概念及其计算方法。

例 2-1 给定数据库如表 2-1 所示,最小支持度 sup 为 0.5,最小 All-item-confidence 阈值 L 设为 0.01,最小 All-confidence 阈值 λ 为 0.6。

表 2-1 事务数据库

TID	Items
100	A,C,D,E
200	B,C,E
300	A,B,C,E
400	B,E

首先，计算 1-频繁项集，如表 2-2 所示；然后，1-频繁项集连接产生 2-候选关联且项项正相关频繁模式，并计算相应的支持度、关联度和相关度，如表 2-3 所示。

表 2-2 1-频繁模式

Item	Freq	Freq>=sup
A	0.5	Yes
B	0.75	Yes
C	0.75	Yes
D	0.25	No
E	1	Yes

表 2-3 2-候选和 3-候选关联频繁模式

Candidate	Freq	Freq >=sup	All-conf	All-conf >=λ	All-item -conf	All-item-conf>=L	Asso. & Corr. freq. pattern
{A,B}	0.25	No	0.33	No	−0.2	No	No
{A,C}	0.5	Yes	0.66	Yes	0.14	Yes	Yes
{A,E}	0.5	Yes	0.5	No	0	No	No
{B,C}	0.5	Yes	0.66	Yes	−0.06	No	No
{B,E}	0.75	Yes	1	Yes	0.1	Yes	Yes
{C,E}	0.75	Yes	0.75	Yes	0	No	No

例如，模式 AC，其支持度为 0.5，关联度和相关度计算方法为

$$\text{all\_conf}(AC) = \frac{0.5}{\max(0.5, 0.75)} = 0.66$$

$$L(AC) = \min\left(\frac{0.5 - 0.5 \times 0.75}{0.5 + 0.5 \times 0.75}\right) = 0.14$$

接着，检查该 2-候选模式是否同时满足最小支持度阈值、最小 All-item-confidence 阈值和最小 All-confidence 阈值，可以得到 2-关联且项项正相关频繁模式 AC 和 BE。由于此两模式不能再连接产生 3-关联且相关频繁模式候选，因此，关联且项项正相关频繁模式计算结束。

最后，由关联且项项正相关频繁模式得到项项正相关关联规则：$A \Rightarrow C$，$C \Rightarrow A$，$B \Rightarrow E$，$E \Rightarrow B$。

从表 2-3 可以发现，模式 AE 是频繁模式，但不是关联模式，也不是项项正相关模式，因此，不是所有的频繁模式都是关联模式或项项正相关模式；同样，易发现不是所有的关联模式都是项项正相关模式，也不是所有的项项正相关模式都是关联模式。所以，关联模式、项项正相关模式以及关联且项项正相关模式挖掘三者是不同的挖掘任务。从 $L(BC) < 0$ 可知，模式 BC 是非项项正相关的，因此，虽然该模式是频繁模式，但不适宜于依据该模式制定捆绑销售计划；从 $L(AC) > 0$ 可知，模式 AC 具有项项正相关性，且该模式是关联和频繁的，因此，适宜于制定 AC 的捆绑销售计划，或者进行相应的货架安排。

2.5 挖掘算法 ItemCoMine_AP 和 ItemCoMine_CT

下面，我们提出了两种基于 All-item-confidence 度量的项项正相关关联规则挖掘算法：ItemCoMine_AP 算法和 ItemCoMine_CT 算法，两者均具有较好的挖掘性能。

2.5.1 ItemCoMine_AP 算法

ItemCoMine_AP 算法在 Line3、Line7 和 Line6 利用 All-item-confidence 度量、All-confidence 度量和频繁模式度量的反单调性，可以有效减少候选规模，同时利用 All-item-confidence 增量检查性质以加快 All-item-confidence 度量的检验速度。算法描述如图 2-2 所示。

算法：ItemCoMine_AP

输入：数据集 T，最小支持度阈值 sup，最小 All-item-confidence 阈值 L，最小 All-confidence 阈值 λ

输出：项项正相关关联规则

方法：

1) $L_1=\{\text{frequent 1-itemsets}\}$;

2) for ($k=2$; $L_{k-1}\neq\varnothing$; k++)do {

3) $P_k\leftarrow L_{k-1}$ 与 L_{k-1} 相连接产生候选关联且项项正相关频繁模式，同时增量检验 P_k 是否满足项项正相关性阈值 L；

4) for each transaction $t\in T$ do 对 t 中所包含候选的支持度进行累加；

5) for each $p\in P_k$ do {

6) if sup(p)<sup do delete p from P_k;

7) if all_conf(p)<λ do delete p from P_k;}

8) $L_k\leftarrow P_k$;}

9) 从 $\bigcup P_k$ 产生项项正相关关联规则 RS；

10) return RS

图 2-2 ItemCoMine_AP 算法

2.5.2 ItemCoMine_CT 算法

ItemCoMine_CT 算法是对高性能 CT-PRO 算法[11]进行修改后得到的，采用高压缩 CFP-树结构保存候选关联且项项正相关模式。它在挖掘过程中同样利用了三种度量的反单调性和 All-item-confidence

增量检查技术，用以提高挖掘性能。其中，CFP-Construction(T,minSup)与CT-PRO算法相应方法相同，ItemTable为CFP-树频繁表头，mappedTrans为压缩的映射事务。具体描述如图2-3所示。

```
    算法:ItemCoMine_CT
    输入:数据集 T,最小支持度阈值 sup,最小 All-item-confidence 阈值 L,
最小 All-confidence 阈值 λ
    输出:项项正相关关联规则
    方法:
    1)  Tree ← CFP-Construction(T,sup);
    2)  (P,s)← CFP-ItemCoMining(Tree,minsup,λ,L);
    3)  R=Rule-generation(P);
    4)  return R

    Function:CFP-ItemCoMining(Tree,sup,λ,L)
    5)  for each item i∈ItemTable from the least to the most frequent do
    6)    以 i 为根结点,调用 Construct_LocalItemCoTable(i),建立新的 local index;
    7)  for each node i in CFP-树 do {
    8)    初始化 mappedTrans;
    9)    for each j 位于从 i 到 CFP-树根结点路径上,do {
    10)       if j∈LocalItemCoTable,do mappedTrans=mappedTrans∪GetIndex(j);}
    11)     mappedTrans 升序排列,insert_LocalCFPTree(i);}
    12) NonRecMine(i);
    13) 遍历 LocalFreqAssoCoPatternTree,检查模式 L(X),all_conf(X)度量,
        得到关联且项项正相关模式 P 及其支持度 s。

    Function:Construct_LocalItemCoTable(i)
    14) for each node i in CFP-树 do
    15)   for each item j in 从 i 到 CFP-树根结点的路径上 do j.count++;
    16) if (L(i,j)≥L,Sup(i,j)≥sup and all_conf(i,j)≥λ) do
    17)   add j into LocalItemCoTable of item i;
```

图 2-3 ItemCoMine_CT 算法

2.5.3　实验测评和比较分析

我们使用 VC 6.0 实现了上述 ItemCoMine_AP、ItemCoMine_CT 算法。其中，ItemCoMine_AP 采用高性能 Trie 树结构保存和操作相应的候选关联且项项正相关模式。由于目前尚无其他关联且项项正相关模式挖掘算法，因此，我们选择所挖掘模式较为接近的由 Zhou Zhongmei 等[69]所提出的关联且相关频繁模式挖掘 ACP_Mining 算法，与 ItemCoMine_AP 算法、ItemCoMine_CT 算法进行比较测试，比较时间不包含规则生成时间，测试平台为 CPU AMD Sempron 2400+ 1.67GHz，内存 512MB，操作系统 Windows XP。第一个实验测试三种算法在不同数据集上的性能表现；第二个实验测试参数变化对算法性能的影响；第三个实验考察了 All-confidence、All-item-confidence 对可疑模式的剪枝效果；最后使用实际零售数据集测试了挖掘的效果。

1. 实验一：不同数据集测试算法性能

分别在两种有代表性的数据集上测试三种算法性能：①IBM 人工数据集 T10I4D100K，共有 100K 条事务记录，每条事务的平均长度为 10，牵涉项目数 999 个，是介于稀疏型与密集型之间的数据集；②Connect4 游戏状态信息数据集，共有 67557 条事务，每条事务的平均长度为 43，牵涉项目数 127 个。

在最小 All-confidence(λ)变化过程中，保持 ItemCoMine_AP 算法、ItemCoMine_CT 算法的最小支持度(sup)和最小 All-item-confidence(L)不变，同时保持 ACP_Mining 算法的 Corr-confidence 度量阈值(C_o)不变，测试结果如图 2-4、图 2-5 所示。实验结果表明，三种算法性能差异较为明显，其性能从高到低排列为：ItemCoMine_CT>ItemCoMine_AP>ACP_Mining。ItemCoMine 算法运行时间始终保持在 10s 以内，具有非常优越的性能。接着，我们在最小 All-item-confidence(L)变化情况下，保持 ItemCoMine_AP 算法、ItemCoMine_CT 算法的最小支持度(sup)和最小 All-confidence(λ)不变进行测试。由于 ACP_Minig 算法没有 All-item-confidence 度量，因此，选择让该算法的 Corr-confidence 度量阈值(C_o)做相应的变化，以比较三者的性能差异。测试结果如图 2-6、图 2-7 所示。两个数据集上的测试同样表明，三者性能差异同样较为明显，其表现从高到低排列为：ItemCoMine_CT＞ItemCoMine_AP＞ACP_Mining；在 Connect4 数据集上，当 sup $=0.85$，$\lambda=0$，$L=0.7$，$C_o=0.7$ 时，ItemCoMine_CT 仅需 3 s，ItemCoMine_AP 需要 63 s，而 ACP_Mining 算法则需要 165 s。

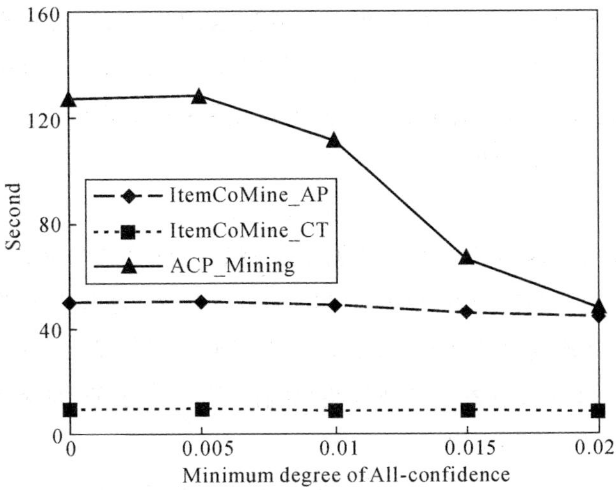

图 2-4　T10I4D100K 上测试三种算法性能(sup$=0.0003$，$L=0$，$C_o=0$)

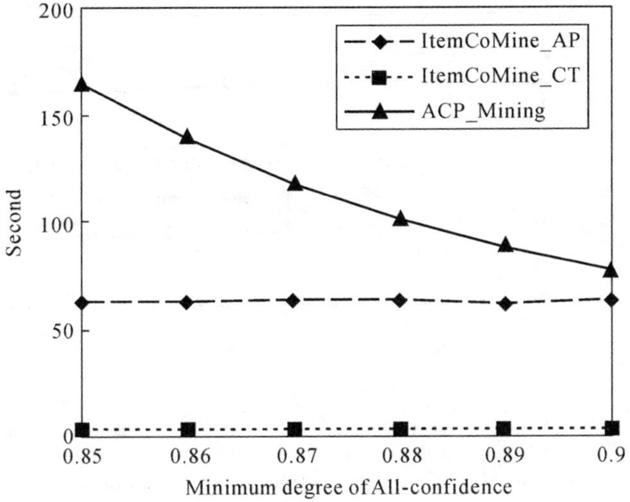

图 2-5　Connect4 上测试三种算法性能(sup＝0.85,L＝0,C_o＝0)

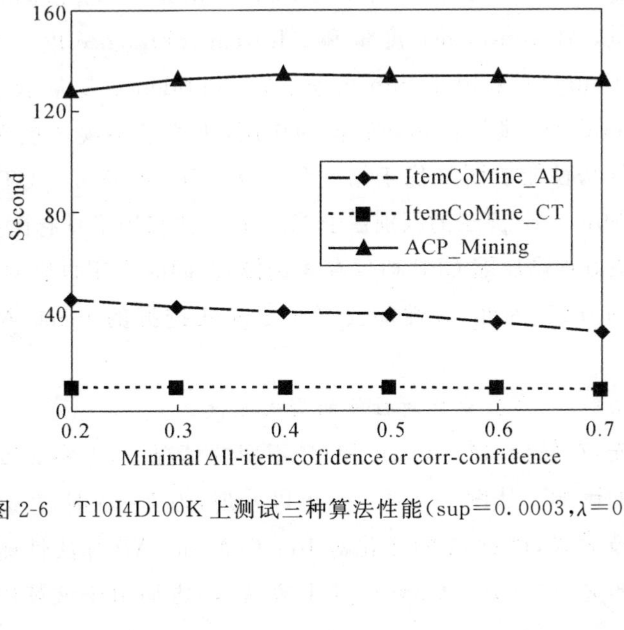

图 2-6　T10I4D100K 上测试三种算法性能(sup＝0.0003,λ＝0)

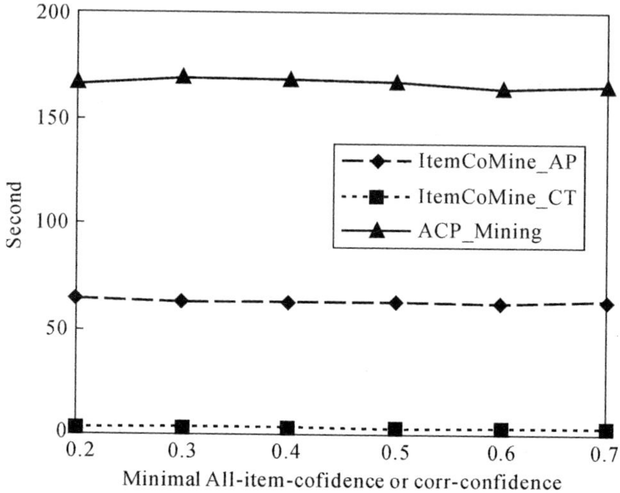

图 2-7 Connect4 上测试三种算法性能(sup=0.85,λ=0)

由于 ItemCoMine_AP 算法和 ItemCoMine_CT 算法同时采用了 sup 度量、All-confidence 度量和 All-item-confidence 度量剪枝，而 ACP_Mining 只采用了 sup 度量、All-confidence 度量剪枝，而其 Corr-confidence 度量仅起到后验的作用，不能缩小候选规模，因此，前两种算法性能要明显优于第三种算法。ItemCoMine_CT 算法和 ItemCoMine_AP 算法的区别在于，第一种算法采用了具有比 FP-树压缩性能更好地高压缩 CFP-树保存候选模式，同时采用自底向上、非递归挖掘的方式，因此，其性能要好于层递式挖掘的 ItemCoMine_AP 算法。

2. 实验二：参数变化对性能的影响测试

首先，在保持参数 sup、L 和 C_o 不变的情况下，考察 λ 变化对算法性能的影响。从图 2-4、图 2-5 可以发现，当 $L=0$ 时，L 起到了明显的剪枝效果，因此，λ 的变化对 ItemCoMine_AP 算法性能的影响表现不明显；对于 ItemCoMine_CT 算法，一方面由于该算法自身的高性能，另一方面由于 $L=0$ 时的剪枝效应，λ 对性能基本上没有什么影响；而 ACP_Mining 依赖于 All-confidence 度量的强大剪枝效应，因此，其性能差异受 All-confidence 度量影响较大，是随着该度量的增加，呈明显的下降趋势。

在保持 λ、sup 不变的情况下，考察 All-item-confidence 度量对算法性能的影响。从图 2-6、图 2-7 可以发现，对于 ItemCoMine_CT，由于算法本身的高性能，L 对性能基本没有影响；对于 ItemCoMine_AP，当 $L>0$时，随着 L 逐步增大，其运行时间稍有下降，但变化不明显，因为大量的包含负相关商品项模式已在 $L=0$ 处被剪除。对于 ACP_Mining算法，由于 Corr-confidence 是后验检查度量，因此，该度量值变化对算法性能没有影响。

下面，我们进一步考察 sup 度量变化对算法性能的影响，考察过程保持参数 λ、L 和 C_0 不变。测试结果如图 2-8 所示。测试表明，sup 度量变化对 ACP_Minging 算法影响较大，而对 ItemCoMine_AP 和 ItemCoMine_CT 算法影响则较小，这同样是因为 ACP_Mining 依赖于 sup 度量的剪枝效应，而 ItemCoMine_AP 和 ItemCoMine_CT 则同时有多个度量可以进行有效剪枝，因此，对 sup 变化不敏感。

上述实验表明，由于 ItemCoMine_AP 和 ItemCoMine_CT 算法具有多度量的高效剪枝效应，因此，对 sup 度量、All-confidence 度量和 All-item-confidence 度量的变化不敏感，具有较好的执行性能。

3. 实验三：All-confidence、All-item-confidence 剪枝效果测试

表 2-4 显示了 T10I4D100K 数据集上，当 sup＝0.03%，$L=0.8$，All-confidence变化时的可疑频繁模式剪枝效果；表 2-5 显示了 T10I4D100K 数据集上，当 sup＝0.03%，$\lambda=0.05$，All-item-confidence 变化时的可疑频繁模式剪枝效果。从表 2-4、表 2-5，可以看到 All-confidence 度量和 All-item-confidence 对可疑模式去除的效果均比较明显，随着 All-confidence和 All-item-confidence 最小阈值的增加，关联模式、项

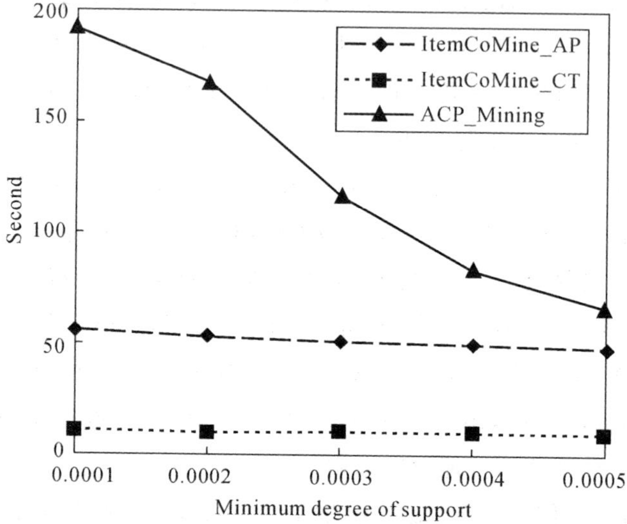

图 2-8　T10I4D100K 上测试 sup 度量对算法性能影响($\lambda=0.01, L=0, C_o=0$)

项正相关模式、关联且项项正相关模式、关联且项项正相关频繁模式的数量均会有一定比例的下降。其下降的幅度取决于模式的 All-confidence、All-item-confidence 度量值在取值范围内的分布曲线。可以观察到，All-confidence 对各种模式的剪枝幅度大致随阈值增大而减小；All-item-confidence 对项项正相关模式的剪枝幅度大致随阈值增大而减小，而对其余模式，其剪枝幅度则变大。

在去除可疑模式之后，所得到的项项正相关关联规则将具有比普通关联规则更好的质量。

表 2-4　T10I4D100K 上 All-confidence 度量剪枝效果(sup=0.0003,L=0.8)

All-confidence (λ/%)	关联模式	关联且项项正相关模式	关联且项项正相关频繁模式
5	16309	6000	5933
10	6012	4271	4249
15	2817	2660	2641
20	1687	1667	1649
25	1288	1288	1271

表 2-5　T10I4D100K 上 All-item-confidence 度量剪枝效果(sup=0.0003,λ=0.05)

All-item-confidence(L/%)	项项正相关模式	关联且项项正相关模式	关联且项项正相关频繁模式
40	58408	15799	15732
50	36368	14753	14686
60	23059	12455	12388
70	13664	9305	9238
80	7563	6000	5933

4. 实验四:实际零售数据集应用测试

我们把挖掘关联且项项正相关模式及其项项正相关关联规则的思想应用于实际的零售商品数据集 Retail[108],该数据集由美国 Rutgers 大学 Hui Xiong 博士提供。Retail 数据集包含 57671 个事务记录,商品项 14462 个,平均事务长度为 8,数据来源为某大型邮购公司。

在低支持度 sup=0.0001,最小 All-confidence 阈值 λ=0.4,最小 All-item-confidence 阈值 L=0.8 下挖掘 Retail 数据集,可以得到一批关联且项项正相关模式,以其中的一个模式及其规则为例进行说明:

{Nokia 电池，Nokia 充电器，Nokia918 无线手机}

(sup=0.0485%，λ=52.83%，L=99.81%)

由此可以导出项项正相关关联规则：

{Nokia 电池} ⇒ { Nokia 充电器，Nokia 918 无线手机}

{Nokia 充电器} ⇒ { Nokia 电池，Nokia 918 无线手机}

{Nokia 918 无线手机} ⇒ { Nokia 电池，Nokia 充电器}

……

上述规则中的项具有较好的关联性和非常强的项项正相关性，因此，是用户真正倾向于一起购买的，将上述规则应用于前后项集对称型应用，如捆绑式销售、货架安排，将取得比普通关联规则更好的效果。

2.6 基于 All-item-confidence 和项集相关性度量的项项且项集正相关关联规则挖掘

2.6.1 项项且项集正相关关联规则挖掘问题的提出

关联且项项正相关频繁模式去除了可疑频繁模式，由它得到的项项正相关关联规则可以有效解决前后项集对称型应用问题。但对于前后项集非对称型应用，则尚有如下局限，该局限已在引言 2.1 部分提及。

局限 3：关联规则前项集的销售不一定能促进后项集的销售。

应用前后项集负相关的关联规则将使“A 商品组的销售将促进 X—A 商品组被销售的可能性”规律失效甚至带来负面作用。如 2.1 小节所举的例子，某商品数据库中，在 P(咖啡)=50%，P(咖啡，茶)=5%，P(咖啡 | 茶)=25%的情况下，以 minsup=2%进行挖掘，推出频繁模式{咖啡，茶叶} [sup=5%]，产生规则“茶叶⇒咖啡 (sup=5%，conf=25%)”。将造成咖啡的销售概率从先验的 50%跌到后验

的 25%，从而造成误导。

为解决上述问题，我们在项项正相关关联规则基础上，进一步提出了项项且项集正相关关联规则挖掘问题。其挖掘步骤可分为两步：首先，采用 All-confidence 关联兴趣度度量和 All-item-confidence 相关兴趣度度量挖掘关联且项项正相关频繁模式；然后，在由关联且项项正相关频繁模式导出规则时，进行前后项集正相关判断，从而得到最终的项项且项集正相关关联规则。其中，第一个步骤已在前述中的 2.4 节得到了解决，因此，本节将主要讨论第二个步骤。

项项且项集正相关关联规则是由不包含可疑模式的频繁项集所生成，且保证了前后项集的正相关性，因此，可以确保“前项集 A 商品组的销售确实能促进后项集 $X—A$ 商品组被销售的可能性”。所以，将该类型的关联规则应用于前后项集非对称型应用，将取得比普通关联规则更好的效果。

2.6.2　项集相关性度量

定义 2.8(项集相关性度量)　设有关联规则 $r:A\Rightarrow X-A$，则其前后项集正相关度量 $C(A,X-A)$（也可记作 $C(r)$）可以定义为：

$$C(A,X-A)=C(r)=\frac{P(X)-P(A)P(X-A)}{P(X)+P(A)P(X-A)}$$

上式定义是 All-item-confidence 或 All-set-confidence 相关性度量在处理两项集正相关性时变形得到的。它有如下性质：

性质 2.6　对于给定的关联规则 $A\Rightarrow X-A$，其前后项集相关度量 $C(A,X-A)$ 具有上下界：$-1\leqslant C(A,X-A)\leqslant 1$。

性质 2.7　对于给定的关联规则 $A\Rightarrow X-A$，其前后项集相关度量 $C(A,X-A)$ 有下述命题成立：

(1) 当 A 和 $X-A$ 相互独立时，有 $C(A,X-A)=0$；

(2) 当 $C(A,X-A)>0$ 时，项集 A 和 $X-A$ 正相关；

(3) 当 $C(A,X-A)<0$ 时，项集 A 和 $X-A$ 负相关；

(4)$C(A, X-A) = C(X-A, A)$，即前后项集相关性度量具有对称性。

利用性质 2.7(4)，可以在算法实现过程中，提高运算效率。

性质 2.8 给定关联规则 $A \Rightarrow X-A\ (A \subset X, A \neq \varnothing)$，如果满足：$C(X) \geqslant C, C\ (1 \geqslant C > 0)$ 为最小项集正相关阈值，则有 $P(X-A \mid A) \geqslant \frac{1+C}{1-C} P(X-A)$ 成立，即 A 项集的发生可以促进 $X-A$ 项集的发生。

其中，性质 2.7(4)由项集相关性度量定义易证；性质 2.6、性质 2.7(1)—(3)、性质 2.8 的证明过程同 All-item-confidence 度量相应性质的证明类似，因此不再赘述。

2.6.3 项项且项集正相关关联规则定义和举例

下面，我们首先给出项项且项集正相关关联规则相关定义，然后用一个实例说明给出的定义。

定义 2.9(项集正相关关联规则) 如果频繁模式 X 所生成的关联规则 $A \Rightarrow X-A\ (A \subset X, A \neq \varnothing)$ 满足 $C(A, X-A) \geqslant C$，其中，$C(A, X-A)$ 为项集相关性度量，C 为最小项集正相关阈值，则可以称该规则为项集正相关关联规则。

根据性质 2.8 可知，项集正相关关联规则均可确保前项集的销售可以促进后项集的销售。

定义 2.10(项项且项集正相关关联规则) 如果关联且项项正相关频繁模式 X 所生成的关联规则 $A \Rightarrow X-A\ (A \subset X, A \neq \varnothing)$，满足：$C(A, X-A) \geqslant C$，其中，$C(A, X-A)$ 为项集相关性度量，C 为最小项集正相关阈值，则可以称该规则是项项且项集正相关关联规则。

由于关联且项项正相关频繁模式去除了可疑频繁模式，它包含了用户真正倾向于一起购买的购物篮；同时前后项集相关度量 $C(A, X-A)$ 确保了前项集销售能促进后项集的销售。因此，所产生的项项且项集正相关关联规则适宜于用户制定交叉销售等非对称型应用问题。

性质 2.9　当关联且项项正相关频繁模式 X 中元素的个数 $|X| = 2$ 时，则对于 $\forall A \subset X, A \neq \varnothing$ 有：$C(A, X-A) = L(X)$。

证明：由项集相关性度量和 All-item-confidence 度量的定义显然可得。

根据性质 2.9，当 $|X| = 2$ 时，可以不必再计算 $C(A, X-A)$ 值，从而提高了算法效率。

例 2-2　以例 2-1 所示数据库进行说明，设置最小支持度 sup 为 0.5，最小 All-item-confidence 阈值 L 设为 0.01，最小 All-confidence 阈值 λ 为 0.6，最小项集正相关度量阈值 C 为 0.12。

根据例 2-1 的计算，在 sup=0.5，L=0.01，λ=0.6 下，有 2-关联且项项正相关频繁模式：AC 和 BE，从而得到 4 条候选项项且项集正相关关联规则：A⇒C，C⇒A，B⇒E，E⇒B，计算其项集正相关度量，如表 2-6 所示。

表 2-6　候选项项且项集正相关关联规则

Candidate Rule	ItemSet Corr. Degree	ItemSet Corr. Degree>=C	Item & ItemSet. Corr. Rule
A⇒C	0.14	Yes	Yes
C⇒A	0.14	Yes	Yes
B⇒E	0.1	No	No
E⇒B	0.1	No	No

最后，根据最小项集正相关度量阈值 C 进行判断，从而得到最终的项项且项集正相关关联规则：A⇒C，C⇒A。

从表 2-6 可以发现，B⇒E 是项项正相关关联规则，但不是项集正相关关联规则，也不是项项且项集正相关关联规则，因此，不是所有的项项正相关关联规则都是项项且项集正相关关联规则。模式

{A,C,E}不是项项正相关模式,所产生的关联规则 A⇒CE 的前后项集正相关性计算方法为:

$$C(\mathrm{A},\mathrm{CE})=\frac{P(\mathrm{ACE})-P(\mathrm{A})P(\mathrm{CE})}{P(\mathrm{ACE})+P(\mathrm{A})P(\mathrm{CE})}=\frac{0.5-0.5\times0.75}{0.5+0.5\times0.75}$$

$$=0.14>=C$$

因此,A⇒CE 为项集正相关关联规则,但不是项项正相关关联规则,也不是项项且项集正相关关联规则,所以,不是所有的项集正相关关联规则都是项项且项集正相关关联规则。所以,我们可以归纳出:项项正相关关联规则、项集正相关关联规则以及项项且项集正相关关联规则,三者具有不同的含义,它们是不同的挖掘任务。

2.7 挖掘算法 I&ISCoMine_AP 和 I&ISCoMine_CT

下面,我们提出了两种项项且项集正相关关联规则挖掘算法:I&ISCoMine_AP 和 I&ISCoMine_CT,它们分别是对 ItemCoMine_AP 和 ItemCoMine_CT 进行修改后得到的。

2.7.1 I&ISCoMine_AP 算法

I&ISCoMine_AP 算法先利用 All-item-confidence 度量、All-confidence 度量和频繁模式度量得到关联且相关频繁模式,再利用项集相关性度量检查规则前后项集的正相关性。具体描述如图 2-9 所示。

算法:I&ISCoMine_AP

输入:数据集 T,最小支持度阈值 sup,最小 All-item-confidence 阈值 L,最小 All-confidence 阈值 λ,最小项集相关性度量阈值 C

输出:项项且项集正相关关联规则

方法:

1) $L_1=\{$frequent 1-itemsets$\}$;

2) for ($k=2$; $L_{k-1}\neq\varnothing$; $k++$)do {

3)　$P_k \leftarrow L_{k-1}$ 与 L_{k-1} 相连接产生候选关联且项项正相关频繁模式，同时增量检验 P_k 是否满足项项正相关性阈值 L；

4)　for each transaction $t \in T$ do 对 t 中所包含候选的支持度进行累加；

5)　for each $p \in P_k$ do {

6)　　if sup(p)<sup do delete p from P_k；

7)　　if all_conf(p)<λ do delete p from P_k；}

8)　$L_k \leftarrow P_k$；

9)　for $p \in P_k$ do {

10)　　generate candidate Item & ItemSet. Corr. Rule r：$A \Rightarrow p-A, r \in RS_k$，if $|A| > |p-A|$，$C(A \Rightarrow p-A) \leftarrow C(p-A \Rightarrow A)$，$if\ k=2, C(r) \leftarrow L(p)$；

11)　　if $C(r) < C$ do delete r from RS_k；}}

12)　return $\bigcup RS_k$

图 2-9　I&ISCoMine_AP 算法

2.7.2　I&ISCoMine _CT 算法

I&ISCoMine_CT 算法在得到关联且项项正相关频繁模式后，需要将模式及其支持度储存在 Trie 树结构 TrieTree _with_count 中，然后传递给 Rule-generation( ) 函数，具体描述如图 2-10 所示。其中 CFP-Construction(T,sup) 函数和 CFP-ItemCoMining(Tree，minsup，λ，L) 函数与ItemCoMine_CT中的对应函数完全相同，在此不再重复给出。

算法：I&ISCoMine_CT

输入：数据集 T，最小支持度阈值 sup，最小 All-item-confidence 阈值 L，最小 All-confidence 阈值 λ，最小项集相关性度量阈值 C

输出：项项且项集正相关关联规则

方法：

1)　Tree ← CFP-Construction(T，sup)；

2)　(P，s)← CFP-ItemCoMining(Tree，minsup，λ，L)；

3)　TrieTree_with_count← BuildTrieTree(P，s)；

4) R=Rule-generation(TrieTree_with_count);

5) return R

Function:BuildTrieTree(P,s)

6) for each $p \in P$,do insert p with its s into TrieTree_with_count;

Function:Rule-generation(TrieTree_with_count)

7) 遍历 TrieTree_with_count,for each $p \in$ TrieTree_with_count do {

8) generate candidate Item & ItemSet. Corr. Rule r: $A \Rightarrow p-A, r \in RS_k$, if $|A| > |p-A|$, $C(A \Rightarrow p-A) \leftarrow C(p-A \Rightarrow A)$, if $k=2$, $C(r) \leftarrow L(p)$;

9) if $C(r) < C$ do delete r from R;}

图 2-10 I&ISCoMine_CT 算法

2.7.3 实验测评和比较分析

我们使用 VC 6.0 实现了上述 I&ISCoMine_AP、I&ISCoMine_CT 算法。下面,我们把项项且项集正相关关联规则挖掘算法 I&ISCoMine_AP、I&ISCoMine_CT 与所挖掘规则较为接近的 Zhou Zhongmei 等[71]所提出的关联且相关规则挖掘 ACR_Mining 算法进行了比较测试,比较时间均不包含将生成规则写入硬盘所需要的开销,测试平台为 CPU AMD Sempron 2400 + 1.67GHz,内存 512MB,操作系统 Windows XP。第一个实验测试三种算法在不同数据集上的性能表现;第二个实验测试了项集相关性度量对规则的剪枝效果;最后我们使用实际数据集验证其实际效果。

1. 实验一:不同数据集测试算法性能

采用介于稀疏型与密集型之间的数据集 T10I4D100K,以及高密度数据集 Connect4 对三种算法进行测试。

在最小 All-confidence 阈值(λ)变化过程中，保持 I&ISCoMine_AP、I&ISCoMine_CT 和 ACR_Mining 算法的最小支持度(sup)、最小 All-item-confidence(*L*)、最小项集相关性度量阈值(*C*)不变，测试结果如图 2-11、图 2-12 所示。实验结果表明，由于 I&ISCoMine_CT 算法的高性能，其在合理区间范围内均表现出良好的性能；由于 I&ISCoMine_AP 和 I&ISCoMine_CT 算法同时有多个度量进行模式剪枝，因此，其性能变化随 All-confidence 变化不明显，而 ACR_Mining 算法依赖于 All-confidence 的剪枝效应，因此，其执行时间随 All-confidence 的变化有较大改变。接着，我们测试在最小 All-item-confidence(*L*)变化情况下，保持 I&ISCoMine_AP、I&ISCoMine_CT 的最小支持度(sup)、最小 All-confidence(λ)、最小项集相关性度量阈值(*C*)不变进行测试。测试结果如图 2-13、图 2-14所示。测试表明，在 T10I4D100K 数据集上，随着 All-item-confidence 的逐步增大，I&ISCoMine_AP、I&ISCoMine_CT 算法的执行时间逐渐减少；在 Connect4 数据集上，All-item-confidence 度量对 I&ISCoMine_AP 和 I&ISCoMine_CT 算法性能的影响则比较小；对于 ACP_Minig 算法，由于其没有 All-item-confidence 度量，因此，其性能始终保持不变。最后，我们测试最小项集相关性度量阈值(*C*)变化的情况下，三种性能算法的变化情况，测试结果如图 2-15 所示。由于最小项集相关性度量是后验测试，不能起到缩小搜索空间的作用，因此，三种算法的性能始终保持不变。

2. 实验二：项集相关性度量对规则的剪枝效果测试

在项项正相关关联规则实验三中，我们已经测试了 All-confidence、All-item-confidence 对可疑模式的剪枝效果，因此，在本小节，我们将重点测试项集相关性度量变化对规则的剪枝效果。

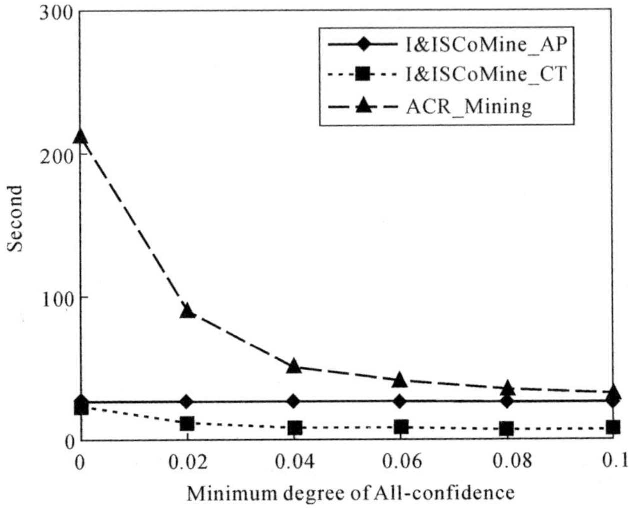

图 2-11 T10I4D100K 上测试 All-confidence 变化时算法性能

(sup=0.0003,L=0.9,C=0.5)

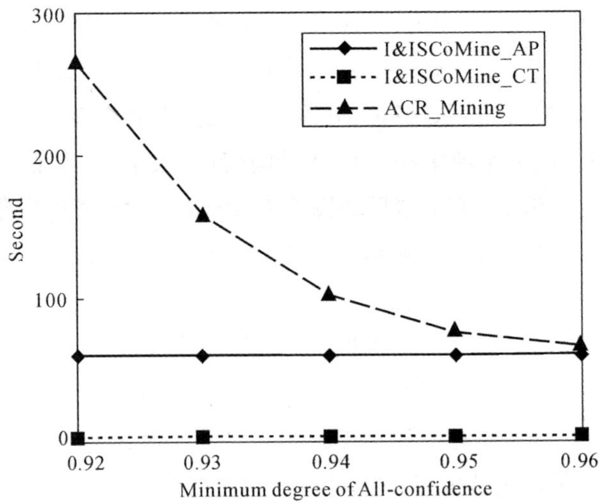

图 2-12 Connect4 上测试 All-confidence 变化时算法性能

(sup=0.85,L=0.5,C=0.5)

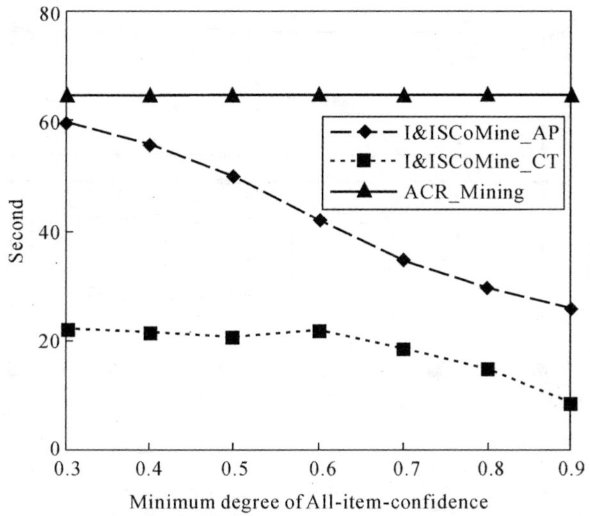

图 2-13　T10I4D100K 上测试 All-item-confidence 变化时算法性能

(sup=0.0003,λ=0.03,C=0.5)

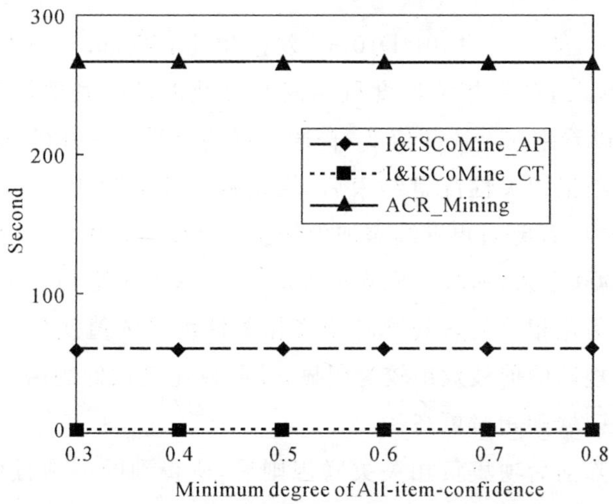

图 2-14　Connect4 上测试 All-item-confidence 变化时算法性能

(sup=0.85,λ=0.92,C=0.5)

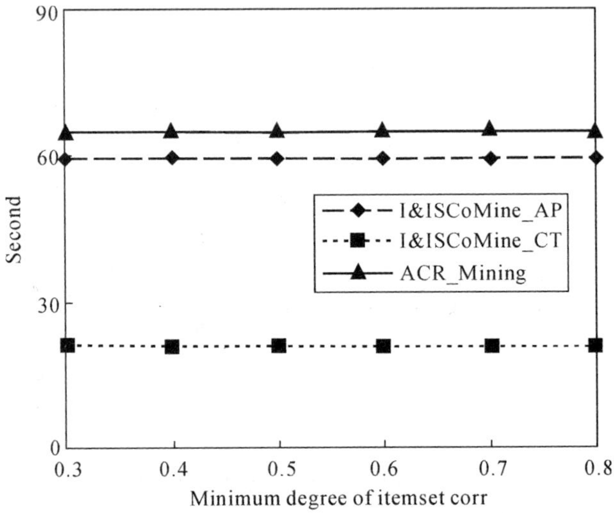

图 2-15　T10I4D100K 上测试项集相关性变化时算法性能

（sup=0.0003，λ=0.03，L=0.3）

表 2-7 显示了 T10I4D100K 数据集上，当 sup = 0.03%，λ = 0.03，L = 0.3，项集相关性度量阈值 C 变化时的规则剪枝效果。从表 2-7 可以看到在上述阈值下，普通关联规则数量为 1351728 条；在添加前后项集相关性度量约束后，规则数量缩减为 400000 余条，缩减为原先的 29.6%；再继续添加项项相关性度量约束后，规则数量缩减为 340000 余条，缩减为原先的 25.2%。从项集正相关关联规则、项项且项集正相关关联规则随项集相关性度量阈值变化，可以发现该度量对规则的剪枝效果较为明显，其剪枝比例在低阈值区域稍低，在高阈值区域则相对更高些。

在去除前后项集负相关关联规则后，所得到的项项且项集正相关关联规则将具有比普通关联规则更好的质量。

表 2-7　T10I4D100K 上项集相关性度量剪枝效果(sup=0.03%,λ=0.03,L=0.3)

Itemset Corr. Degree(C/%)	普通关联规则	项集正相关关联规则	项项且项集正相关关联规则
30	1351728	431586	360926
40	1351728	430624	359964
50	1351728	429264	358604
60	1351728	427466	356806
70	1351728	425054	354414
80	1351728	421902	351340
90	1351728	409702	342920

3. 实验三:实际零售数据集应用测试

我们把挖掘项项且项集正相关关联规则的思想应用于实际的零售商品数据集 Retail[108],数据来源为某大型邮购公司,该数据集由美国 Rutgers 大学 Hui Xiong 博士提供。

在低支持度 sup=0.0001,最小 All-confidence 阈值 λ=0.5,最小 All-item-confidence 阈值 L=0.9,最小相关性度量阈值 C=0.9 下挖掘 Retail 数据集,可以得到一批项项且项集正相关关联规则,以其中的一条规则为例进行说明:

{Adidas 棉毛紧身衣裤} ⇒ {Adidas 羊毛夹克}

{sup=0.01%,λ=75%,L=99.9%,C=99.9%}

上述规则虽然处于低支持度,但具有非常好的关联性、非常强的项项且项集正相关性。因此,该规则不仅可用于前后项集对称型应用,也可以用于与前后项集非对称型应用,如交叉支持策略等,它将取得比普通关联规则更好的应用效果。

2.8　本章小结

由于基于支持度—置信度框架的关联规则挖掘容易产生大量无

意义的、冗余的甚至是误导的关联规则，因此，产生了基于相关兴趣度的关联规则挖掘研究问题。本章在已有的基于相关兴趣度的关联规则挖掘工作基础上，做了三方面的工作：

(1)提出了一种新的相关性兴趣度度量 All-item-confidence，研究了该度量所具有的性质，如合适的上下界，模式中任意一项的发生均可提高其余项发生的可能性，良好的反单调性等。然后阐述了该度量与 All-set-confidence 度量之间的关系，以及该度量的适用范围。

(2)针对普通关联规则在解决前后项集对称型应用问题上的不足，提出了项项正相关关联规则挖掘问题。首先采用 All-confidence 关联兴趣度度量和 All-item-confidence 相关兴趣度度量挖掘关联且项项正相关频繁模式，然后进一步得到项项正相关关联规则。给出了项项正相关关联规则挖掘问题相关定义、描述和实例，提出了两种挖掘算法：ItemCoMine_AP 和 ItemCoMine_CT 算法，并对算法性能、相关度量剪枝效果、实际应用效果进行了测试。

(3)针对普通关联规则在解决前后项集非对称型应用问题上的不足，进一步提出了项项且项集正相关关联规则挖掘问题。在得到关联且项项正相关频繁模式后，采用项集相关性度量对关联规则进行剪枝，从而得到项项且项集正相关关联规则。给出了项项且项集正相关关联规则挖掘相关定义、描述和实例，进一步提出了相应的挖掘算法：I&ISCoMine_AP 和 I&ISCoMine_CT 算法，测试了算法的性能、项集相关性度量的剪枝效果，以及在实际零售数据集中的应用效果。

理论和实际测试表明，项项正相关关联规则、项项且项集正相关关联规则提高了所生成关联规则的质量，可以取得比普通关联规则更好的应用效果。

第 3 章 >>>

动态关联规则挖掘

3.1 引　言

传统的关联规则挖掘算法认为所发现的关联规则是静态和永恒有效的,但实际上关联规则和数据的特性会随着时间而发生改变。以某超市若干年的历史销售数据为例,通过关联规则挖掘,可能会发现“顾客在购买香烟的同时,也会购买礼品”这样的规则。但仔细研究支持这个关联规则的相关数据,可以发现这些相关数据大量地集中在春节前后几个月,而在平时则支持度较小。因此,如果使用这样的规则去指导平时的日常销售,显然失去了实际意义,而在春节期间,该规则则有较强的指导价值。

为了描述关联规则这种随时间变化的性质,Liu 等[109-110]初步提出了数据库中动态关联规则新技术,该技术使用支持度向量 ***SV*** 和置信度向量 ***CV*** 来描述规则的动态性质。在 ***SV*** 和 ***CV*** 基础上,可以利用柱状图分析和时间序列分析得到有关规则的详尽信息。动态关联规则,可以有效地应用在规则有效性随时间变动较大的应用领域,如包含大量季节性商品的销售数据库、股票购买/销售事务数据库等。根据规则随时间变动的性质,及时调整商业经营的策略,对于构筑现代企业竞争优势,具有一定的指导意义。

其他相关工作有:Wai-Ho Au 等[118]提出了挖掘关联规则随时间的变化,并使用模糊语言来描述变化,从而构建模糊决策树,发现关于规则变化的模糊元规则；Guozhu Dong 等[119]的工作是在一对数据集中发现差异性的关联规则频繁模式；文献[120]使用进化策略发现历史数据中的变化模式；P. Deepa Sheenoy[121]等关注于使用遗传算法从动态数据集中发现频繁项。

本章在已有的动态关联规则研究初步成果之上，做了两方面的工作。一方面对动态关联规则本身进行了进一步的研究，提出了动态关联规则新定义；然后进一步提出了两种动态关联规则挖掘新算法：改进的两阶段挖掘 ITS 算法和基于扩展 FP 树的 EFP-Growth 算法，并对算法性能进行了评测。另一方面提出了挖掘带使用信息的动态关联规则(DAR-C)新问题，给出了 DAR-C 规则的候选有效时段的表示方法，并对 DAR-C 规则进行了定义；然后进一步提出了相应的挖掘算法：ITS2 和 EFP-Growth2 算法，实验验证了算法的有效性和可伸缩性，应用实例表明 DAR-C 规则的实用性。

3.2 问题描述及其分析

3.2.1 动态关联规则原定义

动态关联规则[109-110]是一种能够描述自身特性随时间变化的关联规则，描述如下。

设 $I=\{i_1,i_2,\cdots,i_m\}$ 是项集合，任务相关的事务数据集 D 是在时间段 t 内收集到的，可分为不相交的长度为 n 的时间序列，即有 $t=\{t_1,t_2,\cdots,t_n\}$。根据 t 的划分，整个数据集可以被分为 n 个数据子集：$D=\{D_1,D_2,\cdots,D_n\}$，其中数据子集 $D_i(i\in\{1,2,\cdots,n\})$ 的数据是在 $t_i(i\in\{1,2,\cdots,n\})$ 时间段内收集的。项集 T 满足 $T\subseteq I$。若 X 和 Y 为项集，$X\subset I$，$Y\subset I$，并且 $X\cap Y=\varnothing$，则形如 $X\Rightarrow Y$ 的表达式称为关联规则。它具有支持度 s 和置信度 c，其中 $s=P_D(X\cup Y)$，表示

X 和 Y 这两个项集在 D 中同时出现的概率，$c = P_D(Y \mid X)$，表示 D 中出现项集 X 的事务集，同时也出现项集 Y 的概率。

定义 3.1　动态关联规则 $X \Rightarrow Y$（或者项集 $X \cup Y$）的支持度向量，具有如下的表示形式：

$$\boldsymbol{SV} = [s_{(X \cup Y)_1}, s_{(X \cup Y)_2}, \cdots, s_{(X \cup Y)_n}]$$
$$\text{s.t.} \quad s_{(X \cup Y)_i} = f_{(X \cup Y)_i} / M(i \in \{1, 2, \cdots, n\}) \tag{3.1}$$

其中，$f_{(X \cup Y)_i}$ 为项集 $X \cup Y$ 在数据子集 $D_i(i \in \{1, 2, \cdots, n\})$ 中出现的频数；M 为 D 中的事务数。

上述定义下，$X \Rightarrow Y$ 的支持度 s 可以通过下式计算得到：

$$s = s_{(X \cup Y)} = f_{(X \cup Y)} / M = \sum_{i=1}^{n} f_{(X \cup Y)_i} / M = \sum_{i=1}^{n} s_{(X \cup Y)_i} \tag{3.2}$$

其中，$f_{(X \cup Y)}$ 为项集 $X \cup Y$ 在 D 中出现的频数；$s_{(X \cup Y)}$ 为项集 $X \cup Y$ 在 D 中的支持度。

定义 3.2　动态关联规则 $X \Rightarrow Y$ 的置信度向量具有如下的表示形式：

$$\boldsymbol{CV} = [c_{(X \cup Y)_1}, c_{(X \cup Y)_2}, \cdots, c_{(X \cup Y)_n}]$$
$$c_{(X \cup Y)_i} = s_{(X \cup Y)_i} / \sum_{i=1}^{n} s_{X_i} = s_{(X \cup Y)_i} / s_X \ (i \in \{1, 2, \cdots, n\}) \tag{3.3}$$

其中，$s_{(X \cup Y)_i}$ 为项集 $X \cup Y$ 的 $\boldsymbol{SV}$ 中的第 i 个元素；s_{X_i} 为项集 X 的 $\boldsymbol{SV}$ 中的第 i 个元素；s_X 为项集 X 的支持度。

上述定义下，关联规则 $X \Rightarrow Y$ 的置信度 c 可以通过下式计算得到：

$$c = s_{(X \cup Y)} / s_X = \sum_{i=1}^{n} s_{(X \cup Y)_i} / s_X = \sum_{i=1}^{n} c_{(X \cup Y)_i} \tag{3.4}$$

这样，一条完整的动态关联规则就可以用如下形式进行描述：

定义 3.3　一条完整的动态关联规则具有支持度向量 $\boldsymbol{SV}$、置信度向量 $\boldsymbol{CV}$、支持度 s 和置信度 c 四个参数，它具有如下表示形式：

$$X \Rightarrow Y\ (\boldsymbol{SV}, \boldsymbol{CV}, s, c) \tag{3.5}$$

其中,**SV**,**CV**,s 和 c 可以分别根据式(3.1)、式(3.3)、式(3.2)、式(3.4)得到,并一起用于描述关联规则的动态性质。

3.2.2 原定义的不足之处

由于 $s_{(X\cup Y)_i}$、$c_{(X\cup Y)_i}$($i \in \{1,2,\cdots,n\}$)将被用于描述规则在对应数据子集 D_i 中的动态性质,因此,有必要对其进行比较合理的定义。

原定义中,$s_{(X\cup Y)_i}$ 被定义为$f_{(X\cup Y)_i}/M$。由于 M 为固定值,因此,实际上,$s_{(X\cup Y)_i}$ 并不能反映项集 $X\cup Y$ 在数据子集 D_i 中的支持度度量,而仅仅是频数度量 $f_{(X\cup Y)_i}$。

原定义 $c_{(X\cup Y)_i}$ 被定义为$s_{(X\cup Y)_i}/s_X$,对于确定的 $X\Rightarrow Y$,s_X 为固定值。因此,它仅仅是前一度量的$1/s_X$,与 $s_{(X\cup Y)_i}$ 等效,同样不能反映 D_i 中的置信度度量。从信息论的角度看,后者的度量不能提供任何新的信息,因此是冗余的。

例如,根据时间 $t=\{t_1,t_2\}$ 划分事务数据集 $D=\{D_1,D_2\}$,假设 D_1 包含990条事务记录,其中,支持$X\cup Y$、X的事务数$Sup_{D_1}(X\cup Y)$、$Sup_{D_1}(X)$ 均为 10,D_2 包含 10 条事务记录,支持 $X\cup Y$、X 的事务数 $Sup_{D_2}(X\cup Y)$、$Sup_{D_2}(X)$ 分别为 9、10。对于规则 $X\Rightarrow Y$,根据原定义式(3.1)、式(3.3),有:

$$\boldsymbol{SV}=[s_{(X\cup Y)_1},s_{(X\cup Y)_2}]=[10/1000,9/1000]=[0.01,0.009]$$

$$\boldsymbol{CV}=[c_{(X\cup Y)_1},c_{(X\cup Y)_2}]=[0.01/(20/1000),0.009/(20/1000)]$$
$$=[0.5,0.45]$$

从上述 **SV** 和 **CV** 的值,我们不难发现如下不妥之处:

(1)单独考虑 D_1,$X\Rightarrow Y$ 在D_1 的支持度:$s_{D_1}=10/990=0.01$;单独考虑 D_2,在 D_2 的支持度:$s_{D_2}=10/10=1$。所以,$s_{D_2}>s_{D_1}$,而 $s_{(X\cup Y)_1}>s_{(X\cup Y)_2}$。上述 **SV** 定义与经典支持度定义矛盾!

(2)$c_{(X\cup Y)_1}=s_{(X\cup Y)_1}\times 50$;$c_{(X\cup Y)_2}=s_{(X\cup Y)_2}\times 50$。**CV** 与 **SV** 具有相同比例,不能提供新的度量信息。

3.3　动态关联规则新定义及其挖掘算法

3.3.1　动态关联规则新定义

下面，我们给出更为恰当的 **SV**、**CV** 定义，描述如下：

定义 3.4　动态关联规则 $X\Rightarrow Y$（或者项集 $X\cup Y$）的支持度向量具有如下的表示形式：

$$\boldsymbol{SV}=[s_{(X\cup Y)_1},s_{(X\cup Y)_2}\cdots,s_{(X\cup Y)_n}]$$
$$\text{s.t.}\ s_{(X\cup Y)_i}=f_{(X\cup Y)_i}/|D_i|\ (i\in\{1,2,\cdots,n\}) \tag{3.6}$$

其中，$f_{(X\cup Y)_i}$ 为项集 $X\cup Y$ 在数据子集 $D_i(i\in\{1,2,\cdots,n\})$ 中出现的频数；$|D_i|$ 为 D_i 中的事务数。

上述定义中，$s_{(X\cup Y)_i}$ 反映了项集 $X\cup Y$ 在 D_i 中的支持度度量。此时，原有的式(3.2)不再成立，则 $X\Rightarrow Y$ 的支持度 s 可以通过下式计算得到：

$$s=s_{(X\cup Y)}=f_{(X\cup Y)}/M=\sum_{i=1}^{n}f_{(X\cup Y)_i}/M \tag{3.7}$$

其中，M 是 D 中的事务数。

定义 3.5　动态关联规则 $X\Rightarrow Y$ 的置信度向量具有如下的表示形式：

$$\boldsymbol{CV}=[c_{(X\cup Y)_1},c_{(X\cup Y)_2},\cdots,c_{(X\cup Y)_n}]$$
$$\text{s.t.}\ c_{(X\cup Y)_i}=s_{(X\cup Y)_i}/s_{X_i}\ (i\in\{1,2,\cdots,n\}) \tag{3.8}$$

其中，$s_{(X\cup Y)_i}$ 为项集 $X\cup Y$ 的 **SV** 中的第 i 个元素；s_{X_i} 为项集 X 的 **SV** 中的第 i 个元素。

上述定义中，$c_{(X\cup Y)_i}$ 反映了项集 $X\cup Y$ 在 D_i 中的置信度度量。则 $X\Rightarrow Y$ 的置信度 c 可以通过下式计算得到：

$$c=s_{(X\cup Y)}/s_X \tag{3.9}$$

这样，我们就有如下的动态关联规则新定义：

定义 3.6 一条完整的动态关联规则具有支持度向量 **SV**、置信度向量 **CV**、支持度 s 和置信度 c 四个参数,它具有如下表示形式:

$$X \Rightarrow Y\ (\boldsymbol{SV}, \boldsymbol{CV}, s, c) \tag{3.10}$$

其中,**SV**,**CV**,s 和 c 可以分别根据 式(3.6)、式(3.8)、式(3.7) 和式(3.9) 得到,并一起用于描述关联规则的动态性质。

新的支持度向量 **SV**、新的置信度向量 **CV** 与经典的支持度、置信度定义相吻合,可以更好地反映规则随时间变化的动态信息。

定义 3.7 设有动态关联规则 $X \Rightarrow Y\ (\boldsymbol{SV}, \boldsymbol{CV}, s, c)$,最小支持度阈值为 min_sup,最小置信度阈值为 min_conf,如果 $s \geqslant$ min_sup,且 $c \geqslant$ min_conf,则称动态关联规则 $X \Rightarrow Y$ 为强动态关联规则。

3.3.2 动态关联规则挖掘算法

为有效挖掘动态关联规则,我们首先提出频数向量的概念。

定义 3.8 动态关联规则 $X \Rightarrow Y$ 的频数向量具有如下的表示形式:

$$\boldsymbol{FV} = [f_{(X \cup Y)_1}, f_{(X \cup Y)_2}, \cdots, f_{(X \cup Y)_n}] \tag{3.11}$$

其中,$f_{(X \cup Y)_i}$ 为项集 $X \cup Y$ 在数据子集 $D_i (i \in \{1, 2, \cdots, n\})$ 中出现的频数。

这样,我们就可以将整个挖掘过程分成两大步骤:

第一,计算生成频繁项集 L 及其频数向量 **FV**;

第二,由 L 产生动态规则,并由 **FV** 产生 **SV**、**CV**。

其中,第二个步骤比较直截了当,可以由本章的规则生成函数 Rule-Generation 得到。因此,我们更关注于频繁项集 L 及其 **FV** 的生成。

挖掘新定义和原定义的动态关联规则之间,两者的第一个步骤是完全相同的,不同的是第二个步骤。因此,可以将两者的算法进行对比。

对于第一个步骤，Liu 等[109,110]提出了两种挖掘算法。Liu 算法 1 是一种两阶段的挖掘算法，具有较好的可理解性，但其扫描数据库的次数与产生规则的数量成正比，当产生的规则数目庞大时，其开销十分可观，因此不具有实用价值；Liu 算法 2 是建立在经典的 Apriori 算法基础上，然后附带产生支持度向量的。

为进一步提高算法效率，我们提出了两种新的动态关联规则生成算法：第一种是改进的两阶段挖掘算法 ITS，它继承了 Liu 算法 1 的可理解性好的优点，同时具有更好的执行效率；第二种是基于扩展 FP 树(Extended FP-tree，简记为 EFP 树)的动态关联规则挖掘算法 EFP-Growth，适应于高密度海量数据的挖掘，较 Liu 算法 2 具有更好的性能，详细描述如下所述。

1. 改进的两阶段动态关联规则挖掘 ITS 算法

ITS 算法是一种改进的两阶段挖掘算法，它的优点在于具有较好的可理解性，可以充分利用已有的高性能关联规则挖掘算法，其不足在于需要单独的过程生成频数向量。

设整个数据集为 D，并分割为 n 个数据子集 $D_1 \sim D_n$；全体频繁项集记为 $L, l_j \in L$；t 是事务项，$L_{temp} = \text{subset}(L, t)$ 表示 t 包含的频繁项集所构成的集合；$f_{(X \cup Y)_{ij}}$ 表示 l_j 在 D_i 中出现的频数；$\boldsymbol{FV}_j$ 表示频繁项集 l_j 的频数向量。整个 ITS 算法包括两个阶段，首先使用高性能关联规则挖掘算法，如 FP-Growth、H-Mine、OpportuneProject、MAFIA 等，找到所有的频繁项集 L；然后，对数据库进行一次扫描，得到 l_j 在 D_i 上的频数 $f_{(X \cup Y)_{ij}}$，再依据 $f_{(X \cup Y)_{ij}}$ 合成 $\boldsymbol{FV}_j$。该算法比较直观，具体描述如图 3-1 所示。

算法：ITS

输入：数据集 D 与子集 $D_1 \sim D_n$，min_sup

输出：频繁项集 L 及其对应的频数向量 FV，s

方法：

1） (L, s) = High-performance-association-mining-algorithm；　//得到频繁项集及其支持度

2） for each D_i do {

3） 　for each transaction $t \in D_i$ do { //扫描数据库

4） 　　L_{temp} = subset(L, t)；//得到 t 所包含的是频繁项集的子集

5） 　　for each frequent item-set $l_j \in L_{\text{temp}}$ do

6） 　　　$f_{(X \cup Y)_{ij}}$ ++；}}

7） 对于任一频繁项集 $l_j \in L$，由 $f_{(X \cup Y)_{ij}}$ 构成 FV；

8） return L with their corresponding FV and s

图 3-1　ITS 算法

由于其在第二阶段仅需扫描 1 次数据库，即可得到所有频繁项集 L 的 $\boldsymbol{FV}$，因此，较 Liu 算法 1 具有更好的性能。

2. 基于 EFP 树的动态关联规则挖掘 EFP-Growth 算法

已有的 Liu 算法 2[109,110] 是基于 Apriori 框架的，当面临高密度海量数据时，该算法的执行效率比较低，因此，我们提出了基于 FP-Growth框架的动态关联规则挖掘算法。该算法在 FP 树的基础上进行扩展，提出了用于动态关联规则挖掘的 EFP 树，使之在有效生成频繁项集的同时，对频数向量进行存储和计算。该算法的优点在于可以充分利用 FP-Growth 的高时空效率，具有较好的执行效率。

定义 3.9(EFP 树)　一棵 EFP 树包括：

(1)它包含一个标记为“null”的根结点，根结点的孩子为若干个前缀子树，以及一个频繁项表头；

(2)频繁项表头中的结点包含四个域：频繁项名、支持度计数、频数向量和结点头指针，其中，频数向量的元素个数为数据子集的个数 n，它存放该 1-频繁项集在各个数据子集中的频数，结点头指针指向 EFP 树的第一个相同频繁项目结点；

(3)前缀子树中的结点包含四个域：频繁项名、支持度计数、频数

向量和结点指针，其中支持度计数表示在该分支上包含该频繁项的所有交易的数目，频数向量中的元素个数为数据子集的个数 n，它的元素 $f_i(i \in \{1,2,\cdots,n\})$ 表示在该分支上数据子集 D_i 所包含的该频繁项的交易数目，结点指针指向下一个相同频繁项目，它可以为“null”。

使用和 FP-Growth 类似的框架，可提出如下利用 EFP 树的动态关联规则频繁项集及其对应频数向量的 EFP-Growth 算法(见图 3-2)。

算法：EFP-Growth

输入：数据集 D 与子集 $D_1 \sim D_n$，min_sup

输出：频繁项集 L 及其对应的频数向量 FV，s

方法：

1) Tree ← EFP-Construction(D, $D_1 \sim D_n$, min_sup)；
2) 创建一个长度为 0 的频繁项集 φ，设置其支持度为 D 的事务数，其频数矢量为 $D_1 \sim D_n$ 的事务数，$L \leftarrow \{\varphi\}$；
3) $(L, s, FV) \leftarrow$ EFP-Growth(Tree, null)。

Function：EFP-Construction(D, $D_1 \sim D_n$, min_sup)

4) 依次扫描 $D_1 \sim D_n$，得到频繁项目集 F、支持度计数及其频数向量 FV_F，按支持度计数降序排列，生成频繁项列表，记作 L；
5) 创建 Tree 的根结点 T，标记为“null”。依次对 $D_i(i \in \{1,2,\cdots,n\})$ 中的每个事务执行(6)～(7)操作；
6) 选出此事务中出现在 L 中的所有频繁项，将它们按 L 的次序排列，记为 $[p|P]$，其中 p 为第一个元素，P 是余下元素。调用 insert_tree($[p|P]$, T, i)；
7) 函数 insert_tree($[p|P]$, T, i)执行下列操作：如果 T 有孩子结点 N，并且 N. item-name$=p$. Item-name，那么 N 的支持度计数增加 1，N 的频数向量中的第 i 个元素 f_{N_i} 加 1；否则创建一个新结点 N，并设置其支持度为 1，频数向量中的第 i 个元素 f_{N_i} 为 1，其余元素为 0，并由其父链接指向 N，其结点链接指向相同项名的下一个结点。如果 P 非空，递归调用 insert_tree($[p|P]$, T, i)。

```
Function:EFP-Growth(Tree,α)
for each αi ∈ Tree 的频繁项表头 do {
    L ← {φ};
    输出频繁模式 β ← αi ∪ α, β.sup ← αi.sup, β.FV ← αi.FV;
    L ← L ∪ β;
    构造 β 的条件模式基和条件 EFP-tree Treeβ;
    if Treeβ 含单路径 P then {
      for each 路径 P 上结点的组合 β do {
        输出频繁模式 c ← β ∪ α, c.sup ← minimum support of nodes in β;
        for each c.FV 中的元素 c.FV do
          c.FVi ← minimum FVi of nodes in β;
        L ← L ∪ c;}}
    else
      if Treeβ ≠ φ then {
        (Lt,s,FV) ← EFP-Growth(Treeβ,β);
        L ← Lt ∪ L;}}
return L with their corresponding FV and s
```

图 3-2　EFP-Growth 算法

上述 EFP-Growth 算法由 EFP-Construction 和 EFP-Growth 两个子函数构成,频数向量的值在频繁项集生成过程中得到保存和计算,无需单独扫描计算生成。

3. 规则生成函数

在由 ITS 和 EFP-Growth 算法得到频繁项集 L 对应的频度向量 **FV** 之后,就可以调用规则生成子算法,得到最终的动态关联规则。它包括如下几个步骤,首先调用关联规则生成函数,得到规则集;然后将 r_j 前项和后项并集所组成频繁项集的 **FV**、s 分别赋给 r_j 的 **FV**、s;最后得到支持度向量和置信度向量。详细的描述如图 3-3 所示,其中 $s_{(X \cup Y)_{ij}}$、$c_{(X \cup Y)_{ij}}$ 分别是规则 r_j 支持度向量 $\boldsymbol{SV}_j$、置信度向量 $\boldsymbol{CV}_j$ 的第 i 个元素,s_{X_i} 是频繁项集 X 在数据子集 D_i 中的支持度,M 是数据集

D 中的事务数。

Function：Rule-Generation

输入：频繁项集 L 和对应的 FV，s，以及 min_conf

输出：动态关联规则集 R 及其相应的 SV，CV，FV，s，c

1）(R,c) = rule-generation-sub-algorithm；//调用关联规则生成函数

2）for each rule $r_j \in R$ do

3）　将 r_j 前项和后项并集的 FV、s 分别赋给 r_j 的 FV、s；

4）对于任一规则 $r_j \in R$，由 $w_{(X \cup Y)_{ij}} \cdot M / |D_i|$ 得到 $s_{(X \cup Y)_{ij}}$，并构成 SV_j；

5）对于任一规则 $r_j \in R$，由 $s_{(X \cup Y)_{ij}} / s_{X_i}$ 得到 $c_{(X \cup Y)_{ij}}$，并构成 CV_j；

6）return R with their corresponding SV，CV，FV，s and c

图 3-3　Rule-Generation 函数

3.3.3　性能评测

我们使用 VC 6.0 实现了上述 ITS、EFP-Growth 算法。其中，ITS 算法的第一阶段采用高性能 MAFIA 算法；第二阶段利用 Trie 树结构生成频繁项集 Trie 树，并在该树结构上进行相关的累加计数操作。

由于 Liu[109,110] 的算法 1 需要以所产生规则数量级的次数扫描数据库，时间开销庞大，因此，不列入比较的范围。下面，我们对 ITS 算法、EFP-Growth 算法和 Liu 算法 2[109,110] 进行了比较测试，测试平台为 CPU AMD Sempron 2400＋ 1.67GHz，内存 512MB，操作系统 Windows XP。第一个实验测试三种算法在不同数据集上的性能表现；第二个实验测试参数变化对算法性能的影响。

1. 实验一：不同数据集测试算法性能

我们采用了 SQL Sever 2000 自带的 FoodMart 2000、T10I4D100K 和 Connect4 对算法性能进行测试。其中，FoodMart 2000 为实际销售数据集，属于稀疏型数据集；T10I4D100K 数据集由 IBM Almaden 实验室数据挖掘研究小组[122] 提供的生成器产生，是介于稀疏型与密

集型之间的数据集;Connect4 来自 UCI 机器学习数据集[123],是非常密集型数据集。

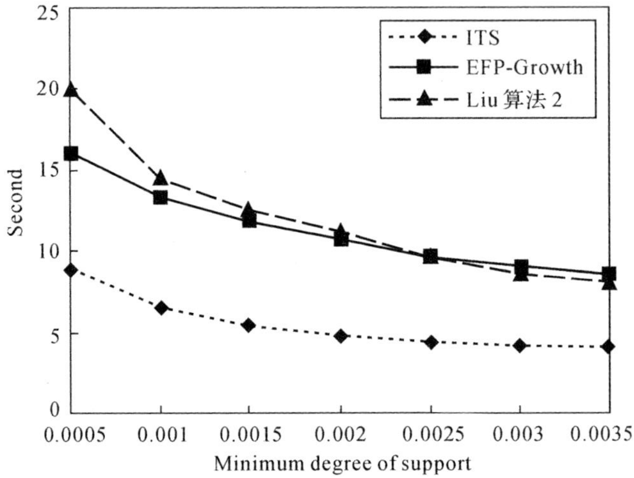

图 3-4　FoodMart 2000 测试三种算法性能

相关预处理如下:对于 FoodMart 2000 数据集,选取其中的 1998 年销售数据,将相同客户在同一时间内购买的商品视为同一购物篮;同时,将底层商品按商品类的层次进行概化分析,这样可以有效避免出现底层商品种类多而支持度小的问题;最终,共得到 41011 条事务记录,将其按月份分成 12 个数据子集进行测试。对于 T10I4D100K 数据集,将其等分成 10 个数据子集进行测试,其中,每个数据子集均包含 10K 条事务数。对于 Connect4 数据集,将其分成 7 个数据子集,其中前 6 个数据子集分别包含 10K 条记录,最后一个数据子集包含 7557 条记录进行测试。

测试结果如图 3-4 至图 3-6 所示,图中纵坐标为运行时间,横坐标为支持率阈值。实验结果表明,ITS 算法和 EFP-Growth 算法具有较好的性能。对于 FoodMart 2000 数据集,在高支持率阈值区域,ITS 算法具有最好的性能,Liu 算法 2 和 EFP-Growth 性能比较接近;在低支持率阈值区域,算法性能从高到低排列为：ITS>EFP-Growth>Liu 算法 2。对于 T10I4D100K 数据集,在高支持率阈值区域,ITS 具有最好的性能;在低支持率阈值区域,算法性能从高到低排列为：EFP-Growth>ITS>Liu 算法 2。对于 Connect4 数据集,三种算法性能差异较为明显,从高到低排列顺序为:EFP-Growth>ITS>Liu 算法 2;当支持率阈值为 0.95 时,EFP-Growth 需要 41 s,ITS 需要 216 s,而 Liu 算法 2 需要 1019 s。

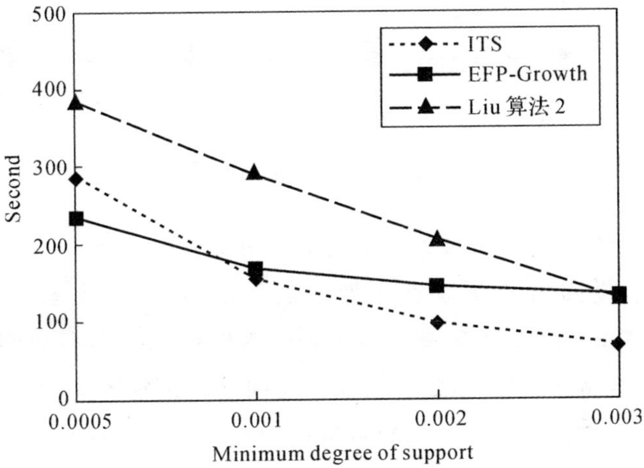

图 3-5　T10I4D100K 测试三种算法性能

由于 Liu 算法 2 是基于 Apriori 框架的,该类算法需要耗费大量时间处理规模巨大的频繁项候选集,同时需要多次重复扫描数据库;EFP-Growth 算法可以有效解决这两个问题,它是建立在高度压缩的 EFP-tree 基础之上的,因此具有更好的性能优势,尤其在高密度数据集上性能优势更为明显。ITS 算法性能优势在于可以充分利用已有高性能挖掘算法,当频繁项集数目较少时,第二阶段运算开销比较小,因此,对于稀疏型数据集、高支持度阈值情形,该算法能够表现出较好的执行效率。

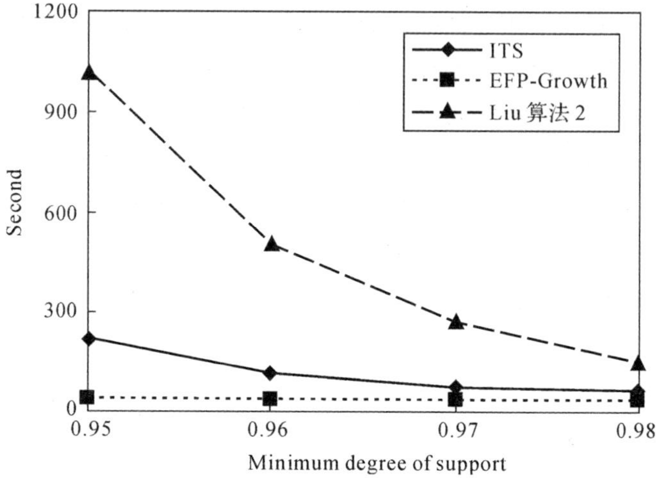

图 3-6 Connect4 测试三种算法性能

2. 实验二：参数变化对性能的影响测试

支持度阈值变化对算法性能的影响较大，从实验一图 3-4、图 3-5、图 3-6 可以发现：当支持度阈值逐步变小时，执行时间逐步增大；在高支持度阈值区域，算法执行时间变化比较缓慢，而在低支持度阈值区域，由于频繁项集数量迅速增大，因此，执行时间增长幅度迅速变大。

下面，我们依次对事务量、数据子集个数变化进行测试。首先，在事务量可伸缩性测试中，选取 T10I4D100K 数据集作为测试数据集，支持度阈值为 0.001，依次选取其中的 20K、40K、60K、80K、100K，划分为 10 个数据子集进行测试和分析。从图 3-7 可以发现：随着事务量的逐步增加，三种算法的执行时间以近似线性的趋势逐步增大，具有较好的可伸缩性。接着，我们测试数据子集个数对算法性能的影响，支持度阈值为 0.001，选取 T10I4D100K 数据集作为测试数据集，依次划分为 2、4、6、8、10 个数据子集进行测试和分析。从图 3-8 可以发现：随着子集个数的增加，算法执行时间有一定程度的增长,但增长幅度不大。这表明:ITS 和 EFP-Growth 算法对子集个数变化具有较好的可伸缩性能。

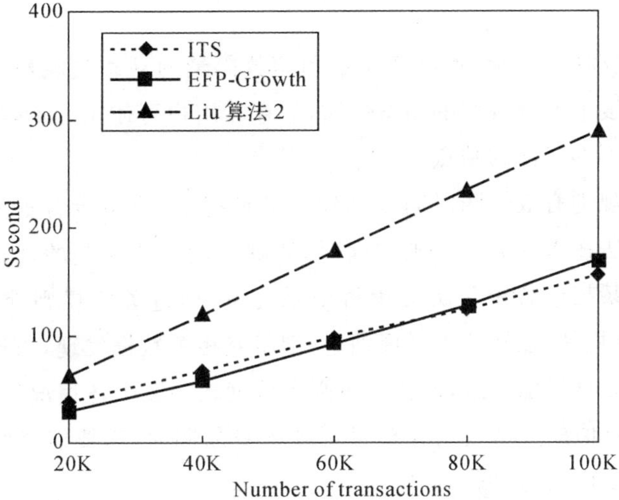

图 3-7 事务量变化对算法性能的影响

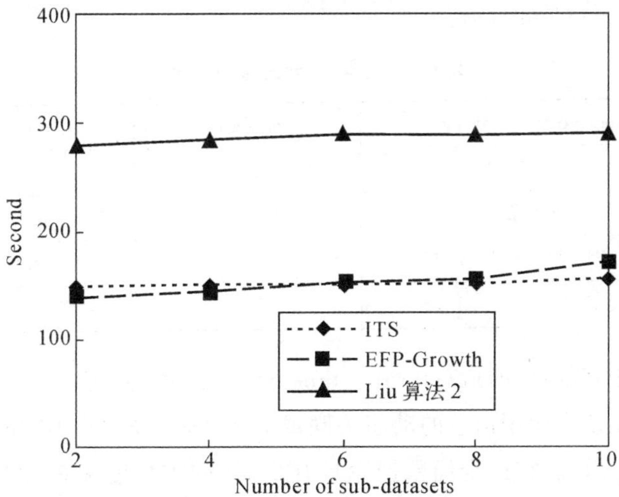

图 3-8 数据子集个数对算法性能的影响

3.4 带使用信息动态关联规则挖掘问题的提出

带支持度向量、置信度向量和频数向量的动态关联规则可以在一定程度上反映规则的动态性质，但存在用户可使用性不强、数据子集划分不够灵活的缺点。

当规则有效性随时间变动较大的情况下，决策者希望关联规则挖掘算法在得到关联规则的同时，能够自动生成相关的规则使用信息。以某超市若干年历史销售记录为例，通过关联规则挖掘，得到“香烟⇒礼品”这样的关联规则，仔细研究相关数据发现，该规则在春节等节假日特别有效，而在平时则支持度较小。上述情况下，一条更有指导价值的关联规则在提供规则本身的同时，需要能够给出规则的具体使用信息，例如：

香烟 ⇒ 礼品 [s=2.0%，c=80.0%]

Usage Comment：

表 3-1 “香烟 ⇒ 礼品”的使用信息

Effective time-interval	Support	Confidence
春节	20.0%	89.0%
国庆节	13.0%	82.0%
每天 P.M.8～P.M.9	12.0%	84.0%
每天 P.M.9～P.M.10	11.8%	82.4%

其中，强有效时段(effective time-interval)以支持度 s 的大小降序排列。上述带使用信息的动态关联规则表明，该规则在不同时段具有不同的有效性：它在全局数据库具有 2.0%的支持度和 80.0%的置信度，同时在春节、国庆节、每天 P.M.8—P.M.9、每天 P.M.9—P.M.10 四个强有效时段具有特别好的使用价值，其支持度分别达到 20.0%、

13.0%、12.0%和11.8%。这样的动态关联规则显然更符合决策者的实际需要。

因此,有必要在动态关联规则基础上,进一步考虑挖掘带使用信息的动态关联规则。下面,我们给出了基于日历模型的候选有效时段表示方法,阐述了带使用信息的动态关联规则的定义,并进一步提出了挖掘框架及其挖掘算法:ITS2和EFP-Growth2;实验评测表明算法的有效性和可伸缩性,应用实例表明了规则的实用性。

3.5　问题定义

3.5.1　候选有效时段表示

在时态数据挖掘中,往往采用日历模型来描述相关的时态信息。因此,我们首先采用经典的日历模型来表达基本的候选有效时段,然后进一步提出了日历模型代数运算,用于表示和化简组合的候选有效时段。

定义3.10　一个日历模型是一个带有效验证约束 δ 的关系模型:

$$R=(G_n:D_n,G_{n-1}:D_{n-1},\cdots,G_1:D_1) \tag{3.12}$$

其中,$G_i(i=1,2,\cdots,n)$ 是时间粒度,如年、月、星期、日等,D_i 是一个正整数的有限集合组成的定义域,有效验证约束是一个定义在 $D_n\times D_{n-1}\times\cdots\times D_1$ 上的布尔函数 $\delta:R\rightarrow\{0,1\}$,用于验证 $D_n\times D_{n-1}\times\cdots\times D_1$ 上值的组合是否合理。

例如,“年、月、日”的日历模型可以表示为:$R=$(年:[2002,2003,…,2006],月:[1,2,…,12],日:[1,2,…,31]),下面的示例中,如不特殊说明,都表示以该日历模型为默认的日历模型。

定义3.11　给定日历模型 $R=(G_n:D_n,G_{n-1}:D_{n-1},\cdots,G_1:D_1)$,

则R上的一个日历模式e可以表示为：$\langle d_n, d_{n-1}, \cdots, d_1 \rangle$，其中，$d_i(i=1,2,\cdots,n)$为满足$d_i \subseteq D_i$或者$d_i=$“$*$”的集合。如果$d_i \subseteq D_i$，表示在时间粒度$G_i$上选取定义域$D_i$范围内，$d_i$所指定的时间间隔；如果$d_i$为通配符“$*$”，表示$d_i$取整个定义域$D_i$。

定义 3.12 如果日历模式包含k个“$*$”，则称此日历模式为K-star日历模式；如果日历模式至少含有一个“$*$”，则称此日历模式为star日历模式；如果日历不包含任何“$*$”，则称此日历模式为基本时间间隔。

定义 3.13 给定一个日历模型R和R上的两个日历模式e、e'，如果e所表示的时间间隔被e'所表示的时间间隔所包含，则称日历模式e'覆盖e。

例如，候选有效时段“国庆假期”可以表示成日历模式：$\langle *, 10, \{1,2,\cdots,7\} \rangle$；日历模式$\langle *, 10, \{1,2,\cdots,7\} \rangle$覆盖$\langle *, 10, 1 \rangle$。

由上述定义，显然有性质 3.1 和性质 3.2 成立：

性质 3.1 日历模式$\langle d_n, d_{n-1}, \cdots, d_1 \rangle$覆盖另一日历模式$\langle d'_n, d'_{n-1}, \cdots, d'_1 \rangle$，当且仅当$\forall i, 1 \leqslant i \leqslant n, d_i=$“$*$”或者$d_i \supseteq d'_i$。

性质 3.2 给定日历模型$R=(G_n:D_n, G_{n-1}:D_{n-1}, \cdots, G_1:D_1)$和$R$上的日历模式$e=\langle d_n, d_{n-1}, \cdots, d_1 \rangle$，则有如下公式成立：

(1) $\langle d_n, \cdots d_{i+1}, \varnothing, d_{i-1}, \cdots, d_1 \rangle = \varnothing \ (i=1,2,\cdots,n)$ (3.13)

(2) $* \cap d_i = d_i (i=1,2,\cdots,n)$ (3.14)

(3) $* \cup d_i = * \ (i=1,2,\cdots,n)$ (3.15)

为表达和化简组合的候选有效时段，方便日历模式之间的相互操作，进一步提出了日历模式的代数运算，具体描述如下：

定义 3.14 给定一个日历模型$R=(G_n:D_n, G_{n-1}:D_{n-1}, \cdots, G_1:D_1)$和$R$上的两个日历模式：$e=\langle d_n, d_{n-1}, \cdots, d_1 \rangle$，$e'=\langle d'_n, d'_{n-1}, \cdots, d'_1 \rangle$，则日历模式$e$和$e'$之间的交运算为：

$$e \cap e' = \langle d_n \cap d'_n, d_{n-1} \cap d'_{n-1}, \cdots, d_1 \cap d'_1 \rangle \tag{3.16}$$

例如，日历模式⟨ * ,10,{1,2,…,7}⟩ 和⟨2006, * , * ⟩ 的交集，可以通过交运算得到化简：⟨ * ,10,{1,2,…,7}⟩ ∩ ⟨2006, * , * ⟩ = ⟨2006,10,{1,2,…,7}⟩。

定义 3.15 给定一个日历模型 $R = (G_n : D_n, G_{n-1} : D_{n-1}, \cdots, G_1 : D_1)$ 和 R 上的两个日历模式：$e = \langle d_n, \cdots, d_{i+1}, d_i, d_{i-1}, \cdots, d_1 \rangle$，$e' = \langle d_n, \cdots, d_{i+1}, d'_i, d_{i-1}, \cdots, d_1 \rangle$，$(i = 1,2,\cdots,n)$，则日历模式 e 和e' 可以通过并运算成为同一个日历模式：

$$e \cup e' = \langle d_n, \cdots, d_{i+1}, d_i \cup d'_i, d_{i-1} \cdots, d_1 \rangle \tag{3.17}$$

需要注意的是，并不是任意两个日历模式的并集都可以通过并运算得到化简。例如，“1997、1998 年的感恩节”可以表示为：⟨1997,11,27⟩ ∪ ⟨1998,11,30⟩，它们不能并为同一个日历模式。

定义 3.16 给定一个日历模型 $R = (G_n : D_n, G_{n-1} : D_{n-1}, \cdots, G_1 : D_1)$ 和 R 上的日历模式 $e = \langle d_n, d_{n-1}, \cdots, d_1 \rangle$，则 e 在时间粒度 G_i 上的补日历模式 $e_{\overline{G}_i}$ 为：

$$e_{\overline{G}_i} = \langle d_n, \cdots, d_{i+1}, \overline{d}_i, d_{i-1}, \cdots, d_1 \rangle \tag{3.18}$$

其中，$\overline{d}_i$ 为集合 d_i 在定义域 D_i 上的补集，即有$\overline{d}_i = D_i - d_i$。

例如，“每年 10 月份中，除国庆假期外的时间段”可通过“每年国庆假期”在“日”上的补进行表示，然后通过补运算化简：$\langle *, 10, \overline{\{1,2,\cdots,7\}} \rangle = \langle *, 10, \{8,\cdots,31\} \rangle$。

3.5.2 带使用信息的动态关联规则

带使用信息的动态关联规则（dynamic association rules with comments，简记为 DAR-C）是一种包含使用信息的关联规则，这些使用信息可以反映该规则在不同时段的动态性质。我们采用支持度和置信度来表示这些动态性质。

1. 规则定义

设 $I = \{i_1, i_2, \cdots, i_m\}$ 是项集合，D 为任务相关的事务数据集，其

事务数记作$|D|$，D中每个事务T是项的集合，$T \subseteq I$。若X和Y为项集，$X \subset I, Y \subset I$，并且$X \cap Y = \varnothing$，则一条关联规则可以表示为$X \Rightarrow Y$的形式，它具有支持度s和置信度c，其中$s = P_D(X \cup Y)$，表示X和Y这两个项集在D中同时出现的概率，$c = P_D(Y \mid X)$，表示D中出现项集X的事务集，同时也出现项集Y的概率。

设每个事务T都有一个时间戳TID，表示该事务发生的时间；整个事务数据集D是在t时间间隔内收集到的。给定日历模型R和R上的日历模式（或日历模型代数运算）的集合$S_e = \{e_1, e_2, \cdots, e_n\}$，则可以称$e_i(i = 1, 2, \cdots, n)$为候选有效时段，$S_e$为候选有效时段集合；被候选有效时段$e_i$所覆盖的事务集合记作$T[e_i]$；$T[e_i]$中包含项集$X$的事务集合记作$T[X, e_i]$，其事务个数为$|T[X, e_i]|$。

定义 3.17　给定关联规则$r: X \Rightarrow Y$和候选有效时段e，则r在e上的支持度可以定义为：

$$\text{Support}(r, e) = |T[X \cup Y, e]| / |T[e]| \tag{3.19}$$

定义 3.18　给定关联规则$r: X \Rightarrow Y$和候选有效时段e，则r在e上的置信度可以定义为：

$$\text{Confidence}(r, e) = |T[X \cup Y, e]| / |T[X, e]| \tag{3.20}$$

定义 3.19　给定关联规则$r: X \Rightarrow Y$，候选有效时段e，最小强有效支持度阈值s'和最小强有效置信度阈值c'，如果规则r在e上的支持度和置信度满足：

$$(1)\text{Support}(r, e) \geqslant s'; \tag{3.21}$$

$$(2)\text{Confidence}(r, e) \geqslant c'。 \tag{3.22}$$

则可以称r在e上为强有效关联规则，e为r的强有效时段。

定义 3.20　给定关联规则$r: X \Rightarrow Y$，候选有效时段集合S_e，最小强有效支持度阈值s'和最小强有效置信度阈值c'，则可以得到r在S_e上的强有效时段集合$S_{e'} = \{e'_1, e'_2, \cdots, e'_k\}$，其中$e'_j(j = 1, 2, \cdots, k)$为$r$的强有效时段。

定义 3.21　关联规则 r 的使用信息 S_u 是由三元组 $u(r,e)=(e,\mathrm{Support}(r,e),\mathrm{Confidence}(r,e))$ 组成的集合，S_u 中的元素按 $\mathrm{Support}(r,e)$ 大小降序排列，其中 e 为 r 的强有效时段，$\mathrm{Support}(r,e)$ 和 $\mathrm{Confidence}(r,e)$ 分别为相应的支持度和置信度。

定义 3.22　一条完整的 DAR-C 包含使用信息 S_u、支持度 s 和置信度 c 三个参数，它具有如下表示形式：

$$X \Rightarrow Y\ (S_u, s, c) \tag{3.23}$$

其中，S_u 可以由定义 3.21 得到，并与 s、c 一起用于描述关联规则的动态性质。

当我们将整个时间间隔 t 分成 n 个互不相交的候选有效时段 $t_1, t_2, \cdots, t_n$，且设 $s'=0$ 时，所得到的 DAR-C 的使用信息即为普通的动态关联规则中的 $\boldsymbol{SV}$ 和 $\boldsymbol{CV}$。

2. 规则特点

与普通动态关联规则相比，上述带使用信息的动态关联规则具有如下的特点：

(1)用户可以根据实际情况，灵活指定大批量的领域相关候选有效时段，如传统节假日、月份、季节、星期日、每天的小时等，采用带使用信息的动态关联规则可以挖掘出隐藏在候选有效时段中的规则动态信息。

(2)候选有效时段可以是基本的时间间隔、周期型的时间段，也可以是它们之间的交、并、补集，候选有效时段之间可以是覆盖、相交、相离等关系。

(3)在反映规则动态性质的同时，具有更好的用户可使用性。

3.6 带使用信息的动态关联规则挖掘算法

3.6.1 挖掘框架

DAR-C 挖掘框架的流程如图 3-9 所示。其中，第一部分为基于候选有效时段的动态关联规则挖掘，通过与日历模式的映射，构建候选有效时段，然后在此基础上利用修改的动态关联规则挖掘算法 ITS2、EFP-Growth2，生成频繁项集及其在候选有效时段上的动态性质；第二部分根据所生成的动态性质，由 Comment-generation()函数进一步生成规则及其使用信息，并提交决策者使用。

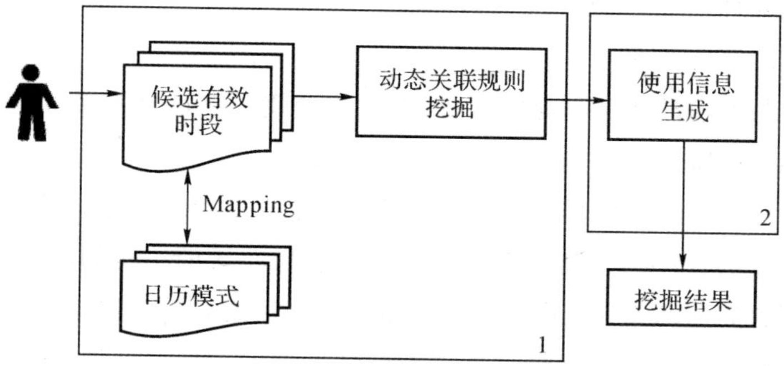

图 3-9 DAR-C 挖掘框架的流程

下面，我们分别对 ITS2、EFP-Growth2 算法、Comment-generation()函数进行描述，其中 ITS2、EFP-Growth2 分别是对 ITS、EFP-Growth 算法进行修改得到的。

3.6.2 ITS2 算法

ITS2 算法是一个修改的两阶段动态关联规则挖掘算法，首先由

高性能关联规则挖掘算法生成频繁项集；然后扫描数据集 $T[\bigcup_{i=1}^{k} e_i]$，对相应的候选有效时段进行累加计数。具体描述如图 3-10 所示，其中候选有效时段计数向量 $Ve(L)$ 包含 k 个元素，$Ve(L)$ 的第 i 个元素 $Ve(L,e_i)$ 存放 L 在 e_i 上的支持度计数 $|T[L,e_i]|$。

算法：ITS2

输入：数据集 D，候选有效时段 $e_i(i=1,2,\cdots,k)$，min_sup

输出：频繁项集 L 及其 $Ve(L)$，s，以及 $|T[e_i]|$ $(i=1,2,\cdots,k)$

方法：

1)　(L,s) = High-performance-association-mining-algorithm；　//得到频繁项集及其支持度

2)　for each $t \in T[\bigcup_{i=1}^{k} e_i]$ do {

3)　　L_{temp} = subset(L,t)；　//得到 t 所包含的是频繁项集的子集

4)　　for $i=1,2,\cdots,k$ do

5)　　　if $t \in T[e_i]$ then {

6)　　　　$|T[e_i]|$++；

7)　　　　for each frequent item-set $l_j \in L_{temp}$ do

8)　　　　　$|T[l_j,e_i]|$++；//l_j 在 e_i 上的支持计数累加 }}

9)　对于任一频繁项集 $l_j \in L$，由 $|T[l_j,e_i]|$ $(i=1,2,\cdots,k)$ 构成 $Ve(l_j)$

10)　return L with their corresponding $Ve(L)$, s and $|T[e_i]|$ $(i=1,2,\cdots,k)$

图 3-10　ITS2 算法

3.6.3　EFP-Growth2 算法

EFP-Growth2 算法是在 EFP-Growth 基础上得到的，其 EFP 树构造与 EFP-Growth 的 EFP 树不同之处在于：

(1)频繁项头表中，使用候选有效时段计数向量 $\boldsymbol{Ve}$ 替代频数向量 $\boldsymbol{FV}$，该 1- 频繁项集 l 所对应的 Ve 标记为 $Ve(l)$，元素个数为候选有效时段的个数 k，$Ve(l)$ 的第 i 个元素 $Ve(l,e_i)$ $(i=1,2,\cdots,k)$ 存放

l 在e_i 上的支持度计数$|T[l,e_i]|$；

（2）前缀子树中，使用 $\boldsymbol{Ve}$ 替代 $\boldsymbol{FV}$，该分支 b 所对应的 Ve 标记为 $Ve(b)$，元素个数为 k，其第 i 个元素 $Ve(b,e_i)$ $(i=1,2,\cdots,k)$ 存放分支 b 在 e_i 上的支持度计数$|T[b,e_i]|$。

EFP-Growth2 算法框架同样是在 EFP-Growth 基础上得到的，具体描述如图 3-11 所示，其中，EFP-Growth2(Tree，α)函数与 EFP-Growth(Tree，α)不同之处在于使用 $\boldsymbol{Ve}$ 替代 $\boldsymbol{FV}$，$\boldsymbol{Ve}_i$ 替代 $\boldsymbol{FV}_i$。

算法：EFP-Growth2

输入：数据集 D，候选有效时段 $e_i(i=1,2,\cdots,k)$，min_sup

输出：频繁项集 L 及其 $Ve(L)$，s，以及$|T[e_i]|$ $(i=1,2,\cdots,k)$

方法：

1） Tree ← EFP-Construction2($D,e_1\sim e_k$，min_sup)；

2） 创建一个长度为 0 的频繁项集 φ，设置其支持度为 D 的事务数，Ve 中的元素 $Ve_i(i=1,2,\cdots,k)$ 为$|T[e_i]|$，$L\leftarrow\{\varphi\}$；

3） $(L,Ve(L),s)$← EFP-Growth2(Tree，null)。

Function：EFP-Construction2($D,e_1\sim e_k$，min_sup)

4） 扫描 D，得到频繁项目集 F、支持度计数及其 Ve，按支持度计数降序排列，生成频繁项列表，记作 L；

5） 创建 Tree 的根结点 T，标记为“null”。依次对 D 中的每个事务执行(6)～(7)操作；

6） 选出此事务中出现在 L 中的所有频繁项，将它们按 L 的次序排列，记为$[p\mid P]$，其中 p 为第一个元素，P 是余下元素。调用 insert_tree($[p\mid P],T,TID$)；

7） 函数 insert_tree($[p|P],T,TID$)执行下列操作：如果 T 有孩子结点 N，并且 N. item-name=p. Item-name，那么 N 的支持度计数增加 1，依次检查所有 e_i $(i=1,2,\cdots,k)$，如果 $TID\in e_i$，则令 N 的 Ve 中的第 i 个元素加 1；否则创建一个新结点 N，并设置其支持度为 1，依次检查所有 $e_i(i=1,2,\cdots,k)$，如果 $TID\in e_i$，则令 N 的 Ve 中的第 i 个元素为 1，反之则为 0，并由其父链接指向 N，其结点链接指向相同项名的下一个结点。如果 P 非空，递归调用 insert_tree($[p|P],T,TID$)。

图 3-11 EFP-Growth2 算法

3.6.4 使用信息生成

在由 ITS2 和 EFP-Growth2 算法得到频繁项集 L 和 $Ve(L)$，以及 $|T[e_i]|$ $(i=1,2,\cdots,k)$ 之后，就可以调用 Comment-generation()函数，得到最终的 DAR-C。

它包括如下几个步骤，首先调用关联规则生成函数，得到规则集；然后为每条规则 r_j 计算其在各候选有效时段 e_i 中的支持度和置信度，从而得到 r_j 的强有效时段，并生成其使用信息 $S_u(r_j)$。详细的描述如图 3-12 所示。

Function: Comment-generation

输入：频繁项集 L 及其 $Ve(L)$，$|T[e_i]|$ $(i=1,2,\cdots,k)$，最小强有效支持度阈值 s'，最小强有效置信度阈值 c'，min_conf

输出：规则集 R 及其使用信息 $S_u(R)$，s，c

(R,c) = rule-generation-sub-algorithm；//调用关联规则生成函数
for each rule $r_j \in R$ do {
　将 r_j 前项 X_j 和后项 Y_j 并集的 $Ve(X_j \cup Y_j)$、s 分别赋给 r_j 的 $Ve(r_j)$、s；
　创建 r_j 的使用信息 $S_u(r_j)$，设置为空集 $\varnothing$；
　for $i=1,2,\cdots,k$ do {
　　Support $(r_j,e_i) = Ve(X_j \cup Y_j,e_i)/|T[e_i]|$；
　　Confidence $(r_j,e_i) = Ve(X_j \cup Y_j,e_i)/Ve(X_j,e_i)$；
　　if (Support$(r_j,e_i) \geqslant s'$) and (Confidence$(r_j,e_i) \geqslant c'$) then
　　　将 $u(r_j,e_i)=(e_i$, Support(r_j,e_i), Confidence$(r_j,e_i))$ 插入 $S_u(r_j)$；}
　将 $S_u(r_j)$ 中的 $u(r_j,e_i)$ 按 Support(r_j,e_i) 值降序排列；}
return R with their corresponding $S_u(R)$，s and c

图 3-12　Comment-generation 函数

3.6.5 性能评测

我们使用 VC 6.0 实现了上述 ITS2、EFP-Growth2 算法。其中,ITS2 算法第一阶段采用 MAFIA 算法。

第一个实验我们对 ITS2、EFP-Growth2 算法的性能进行测试。由于目前尚无其他 DAR-C 规则挖掘算法,因此,我们选择 ITS、EFP-Growth 算法作为比较的对象,它们需要重复多次,且经过一定的挖掘后处理,才能完成挖掘任务。第二个实验测试了相关参数变化对算法性能的影响。测试平台为 CPU AMD Sempron 2400 + 1.67GHz,内存 512MB,操作系统 Windows XP。

1. 实验一:算法性能测试

采用 FoodMart 2000、T10I4D100K 和 Connect4 数据集对四种算法性能进行了比较测试。数据子集设置如下:对于 FoodMart 2000 数据集,将经过预处理后得到的 41011 条事务记录分成 730 个数据子集 $D_1 \sim D_{730}$,其中,前 729 个数据子集分别包含 56 个事务,最后一个数据子集包含 187 个事务;对于 T10I4D100K 数据集,同样分为 730 个数据子集 $D_1 \sim D_{730}$,其中,前 729 个分别包含 137 个事务,最后一个包含 127 个事务;对于 Connect4 数据集,也将其分成 730 个数据子集 $D_1 \sim D_{730}$,前 729 个分别包含 92 个事务记录,最后一个数据子集包含 489 个事务记录。数据子集时间戳设置如下:为每个数据子集增加相应的时间戳 TID,依次标记为〈2005,1,1〉~〈2006,12,31〉。日历模型和候选有效时段设置如下:日历模型 R=(年:[2005,2006],月:[1,2,…,12],日:[1,2,…,31]);设置 45 个候选有效时段 $e_i(i=1,2,\cdots,45)$进行测试,依次为“2005 年”、“2006 年”、“每年的 1 月”、…、“每年的 12 月”、“每月的第 1 天”、…、“每月的第 31 天”:〈2005,*,*〉,〈2006,*,*〉,〈*,1,*〉,…,〈*,12,*〉,〈*,*,1〉,…,〈*,*,31〉。

由于 ITS、EFP-Growth 算法只能生成连续的互不相交的时间段内的动态信息，因此，为生成上述候选有效时段内的动态信息，需要将候选有效时段分成 3 个组，分别为：group("2005 年"、"2006 年")，group("每年的 1 月"，…，"每年的 12 月")，group("每月的第 1 天"，…，"每月的第 31 天")，然后重复运行 ITS、EFP-Growth 算法 3 次，以生成每个组的动态信息，从而得到所有候选有效时段的使用信息。

测试结果如图 3-13、图 3-14、图 3-15 所示，图中纵坐标为运行时间，横坐标为支持率阈值。实验结果表明，一般情况下，算法 ITS2 和 EFP-Growth2 具有较好的性能。对于 FoodMart 2000 数据集，算法性能从高到低排列为：ITS 2＞ITS＞EFP-Growth2＞EFP-Growth。对于 T10I4D100K 数据集，在高支持率阈值区域，ITS2 具有最好的性能；在低支持率阈值区域，EFP-Growth2 具有最好的性能。

对于 Connect4 数据集，EFP-Growth2 具有最好的性能，而 ITS2 在低支持率阈值区域执行时间增长迅速。

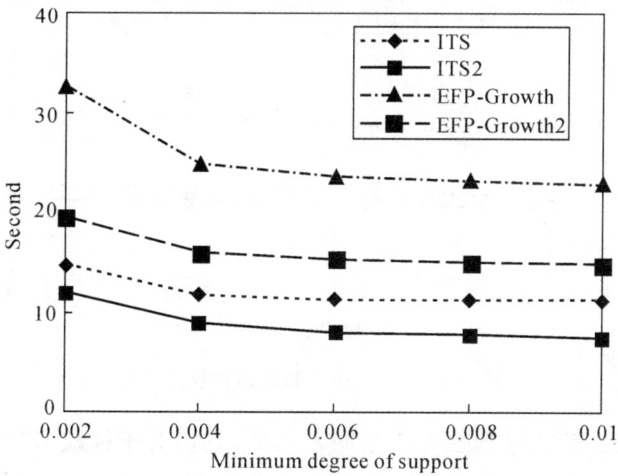

图 3-13　FoodMart 2000 测试四种算法性能

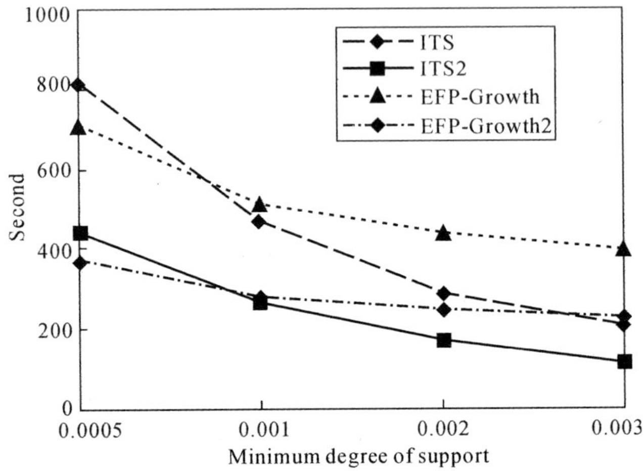

图 3-14　T10I4D100K 测试四种算法性能

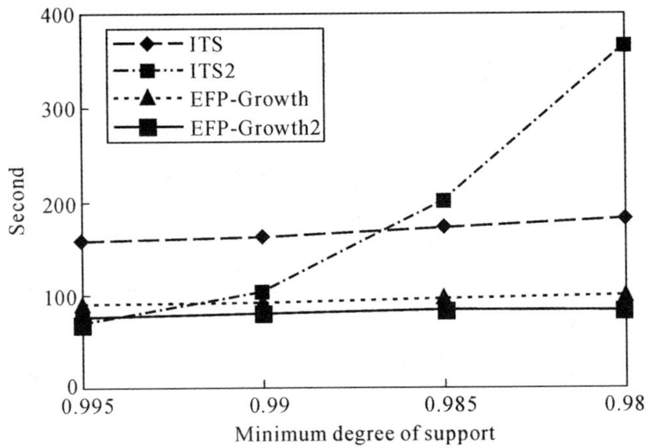

图 3-15　Connect4 测试四种算法性能

ITS2 算法与 ITS 算法是同系列的，它们对于稀疏型数据集、高支持度阈值情形，能够表现出较好的性能；而 EFP-Growth2 算法与 EFP-Growth 算法是建立在高度压缩的 EFP-tree 基础之上的，因此在 Connect4 这样的高密度数据集上性能优势更为明显。由于 ITS

算法和 EFP-Growth 算法不适宜于 DAR-C 规则的挖掘，需要执行多次，且经过一定的挖掘后处理，才能得到所有候选时段的使用信息，将会产生大量的冗余。因此，在 DAR-C 规则挖掘任务中，一般情形下，ITS2 算法要优于 ITS 算法，EFP-Growth2 算法要优于 EFP-Growth 算法。

2. 实验二：参数变化对性能的影响测试

支持度阈值变化对算法性能具有较大的影响，从图 3-13 至图 3-15，我们可以发现：随着支持度阈值逐渐变小，四种算法的执行时间均会逐步增大，且增长幅度也会逐步增加。

下面，我们依次对事务量、候选有效时段个数 k、每候选有效时段平均覆盖事务数 $\sum_{i=1}^{k} |T[e_i]|/k$ 变化进行测试。

首先，在事务量变化测试中，选取 T10I4D100K 数据集作为测试数据集，支持度阈值为 0.001；依次选取其中的 20K、40K、60K、80K、100K，均分成 730 个数据子集 $D_1 \sim D_{730}$，它们每个子集所包含的事务个数如表 3-2 所示；数据子集时间戳、日历模型和候选有效时段设置与实验一相同。ITS、EFP-Growth 算法设置与实验一相同，采用重复 3 次的方式完成挖掘任务。测试结果如图 3-16 所示，可以发现：随着事务量的逐步增大，ITS2、EFP-Growth2 算法的执行时间都以近似线性的方式逐步增长，具有较好的可伸缩性能。

表 3-2　事务子集所包含的事务个数

总事务个数	数据子集 $D_1 \sim D_{729}$ 中事务个数	数据子集 D_{730} 中事务个数
20K	27	317
40K	54	634
60K	82	222
80K	109	539
100K	137	127

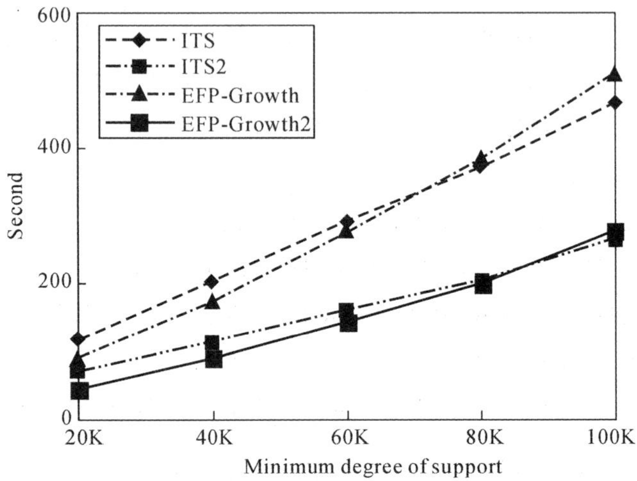

图 3-16 事务量变化对算法性能的影响

接着，我们测试候选有效时段个数 k 变化对算法性能的影响。选取 T10I4D100K 数据集作为测试数据集，支持度阈值为 0.001；数据子集、数据子集时间戳以及日历模型设置与实验一相同；在保持 $\sum_{i=1}^{k}|T[e_i]|/k$ 不变的前提下，变化 k 的数量，依次设置为 5、10、15、20，它们分别所包含的候选有效时段如表 3-3 所示。ITS、EFP-Growth 算法需要重复执行 2 次才能完成挖掘任务。测试结果如图 3-17所示，可以发现：在 $\sum_{i=1}^{k}|T[e_i]|/k$ 不变的情况下，随着候选有效时段个数的增加，ITS2 和 EFP-Growth2 算法的执行时间以近似线性的方式增长，具有较好的可伸缩性。

表 3-3 k 变化测试中的候选有效时段设置

k	候选有效时段	日历模式
5	“每年的 1 月”、……、“每年的 3 月”、“每月的第 1 天”、“每月的第 2 天”	〈 * ,1, * 〉,…,〈 * ,3, * 〉,〈 * , * ,1〉,〈 * , * ,2〉

续表

k	候选有效时段	日历模式
10	"每年的 1 月"、……、"每年的 6 月"、"每月的第 1 天"、…、"每月的第 4 天"	⟨ *, 1, * ⟩, …, ⟨ *, 6, * ⟩, ⟨ *, *, 1⟩, …, ⟨ *, *, 4⟩
15	"每年的 1 月"、……、"每年的 9 月"、"每月的第 1 天"、…、"每月的第 6 天"	⟨ *, 1, * ⟩, …, ⟨ *, 9, * ⟩, ⟨ *, *, 1⟩, …, ⟨ *, *, 6⟩
20	"每年的 1 月"、……、"每年的 12 月"、"每月的第 1 天"、…、"每月的第 8 天"	⟨ *, 1, * ⟩, …, ⟨ *, 12, * ⟩, ⟨ *, *, 1⟩, …, ⟨ *, *, 8⟩

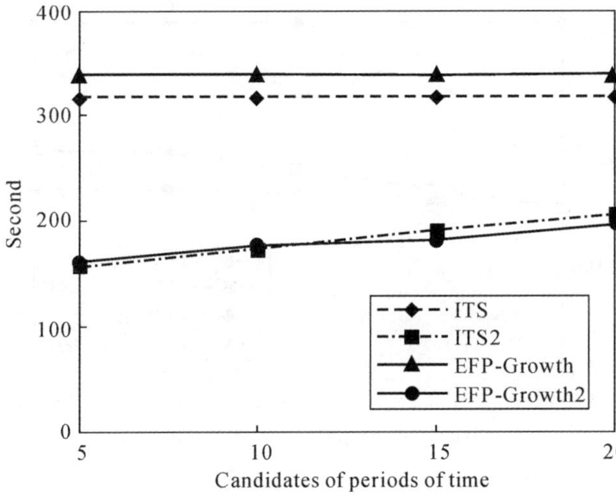

图 3-17　候选有效时段个数变化对算法性能的影响

最后，我们测试 $\sum_{i=1}^{k} |T[e_i]|/k$ 变化对算法性能的影响。同样选取 T10I4D100K 数据集作为测试数据集，支持度阈值、数据子集、数据子集时间戳以及日历模型设置与实验一相同；保持候选有效时段个数 $k=2$ 不变，以候选有效时段 e_1"每年的 1 月"、e_2"每月的第 1 天"所覆盖的平均事务数 $(|T[e_1]|+|T[e_2]|)/2$ 为基准，记作 $1\times$ base，然后，$\sum_{i=1}^{k} |T[e_i]|/k$ 的值逐步扩大为基准的 3 倍、6 倍、9 倍、12 倍进行

测试，它们所包含的候选有效时段如表 3-4 所示。ITS、EFP-Growth 算法需要重复执行 2 次才能完成挖掘任务。测试结果如图 3-18 所示，可以发现：在 k 保持不变的前提下，随着基准倍数的扩大，ITS2 和 EFP-Growth2 算法的执行时间以近似线性的方式增长，且增长幅度不大，具有较好的可伸缩性。

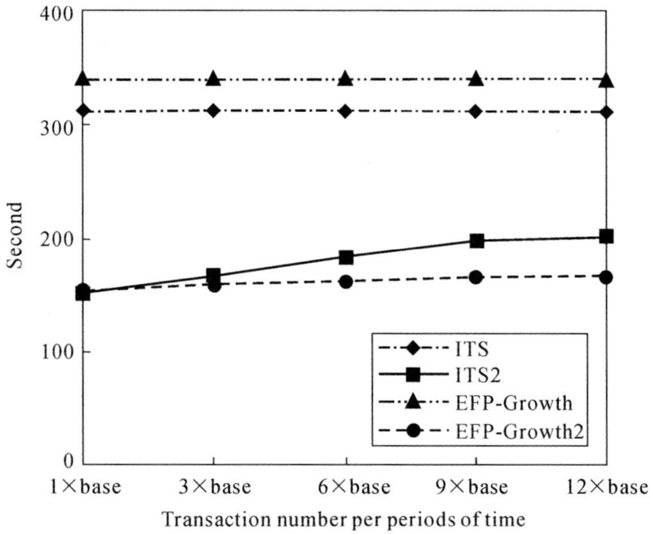

图 3-18 $\sum_{i=1}^{k}|T[e_i]|/k$ 变化对算法性能的影响

表 3-4 $\sum_{i=1}^{k}|T[e_i]|/k$ 变化测试中的候选有效时段设置

$\sum_{i=1}^{k}\|T[e_i]\|/k$	候选有效时段	日历模式
1×base	"每年的 1 月"、"每月的第 1 天"	⟨＊,1,＊⟩,⟨＊,＊,1⟩
3×base	"每年的 1～3 月"、"每月的第 1～3 天"	⟨＊,{1,2,…,3},＊⟩,⟨＊,＊,{1,2,…,3}⟩
6×base	"每年的 1～6 月"、"每月的第 1～6 天"	⟨＊,{1,2,…,6},＊⟩,⟨＊,＊,{1,2,…,6}⟩

续表

$\sum_{i=1}^{k} \mid T[e_i] \mid / k$	候选有效时段	日历模式
9×base	“每年的 1～9 月”、“每月的第 1～9 天”	⟨＊,{1,2,…,9},＊⟩,⟨＊,＊,{1,2,…,9}⟩
12×base	“每年的 1～12 月”、“每月的第 1～12 天”	⟨＊,{1,2,…,12},＊⟩,⟨＊,＊,{1,2,…,12}⟩

上述一系列实验表明，ITS2、EFP-Growth2 算法在多种类型的数据集以及参数变化的情况下，都表现出较好的性能和较好的可伸缩性，适宜于 DAR-C 规则的开采挖掘任务。

3.6.6　应用实例

我们把带使用信息的动态关联规则 DAR-C 挖掘的思想应用于某超市 1997—1998 年的销售数据库 FoodMart 2000 中，该数据库是 SQL Sever 2000 自带的，共包含 269720 条项记录。

相关预处理如下：选取其中的 1997、1998 两年的销售数据，将相同客户在同一时间内购买的商品视为同一购物篮；同时，将底层商品按商品类的层次进行概化分析，这样可以有效避免出现底层商品种类多而支持度小的问题；最终，共得到 62568 条带时间戳的事务记录。设置日历模型 R_1＝(年：[1997,1998]，月：[1,2,…,12]，日：[1,2,…,31])，R_2＝(星期：[1,2,…,105]，日：[1,2,…,7])，根据该超市所在地区的实际情况提出一批候选有效时段：感恩节，新年，圣诞节，情人节，每年的春季，…，每年的冬季，每年的 1 月，每年的 2 月，…，每年的 12 月，每周的星期一，…，每周的星期天等，从而建立一批日历模式，它们分别为 R_1：⟨1997,11,27⟩∪⟨1998,11,30⟩，⟨＊,1,1⟩，⟨＊,12,{24,25}⟩，⟨＊,2,14⟩，⟨＊,{3,4,5},＊⟩，…，⟨＊,{12,1,2},＊⟩，⟨＊,1,＊⟩，…，⟨＊,12,＊⟩；R_2：⟨＊,1⟩，…，⟨＊,7⟩。设最小支持度阈值为 0.1%，最小置信度阈值为 0.1%，最小强有效支持度阈值s'为 0.3%。

在上述条件下，挖掘该超市数据库，可以得到一批带使用信息的动态关联规则，以其中一条 DAR-C 规则为例进行说明：

$$17 \Rightarrow 11 \quad [s=0.17\%, c=11.8\%]$$

Usage Comment：

表 3-5 “17⇒11”规则的使用信息

Effective time-interval	Support	Confidence
新年	3.17%	66.7%
圣诞节	0.61%	22.2%
感恩节	0.53%	20.0%
5 月	0.30%	20.0%

上述带使用信息的规则表示该规则在强有效时段“新年”、“圣诞节”、“感恩节”以及“每年的 5 月”具有最好的使用性，其中，在强有效时段“新年”的支持度、置信度分别为在全局数据库中支持度、置信度的 18.6、5.7 倍。在上述使用信息的指示下应用该关联规则，可以取得比普通关联规则更好的应用效果，说明给出规则的使用信息对决策者是有一定帮助的。

3.7 本章小结

动态关联规则可以有效描述规则自身随时间变化的性质，在动态关联规则 SV 和 CV 基础上，能够得到有关规则的详尽信息，具有普通关联规则所不具有的优点。因此，有必要对其做进一步的研究。

本章在已有的动态关联规则研究初步成果之上，做了两大方面的工作：

(1)第一方面对动态关联规则本身进行了进一步的研究，提出了动态关联规则新定义，然后，进一步提出了两种动态关联规则挖掘新算法：改进的两阶段挖掘 ITS 算法和基于扩展 FP 树的 EFP-Growth 算法，并对算法性能进行了评测。

（2）第二方面提出了挖掘带使用信息的动态关联规则（DAR-C）新问题，给出了 DAR-C 规则的候选有效时段的表示方法，并对 DAR-C 规则进行了定义；然后进一步提出了相应的挖掘算法：ITS2 和 EFP-Growth2 算法，实验验证了算法的有效性和可伸缩性，应用实例表明 DAR-C 规则应用的可行性。DAR-C 规则对于具有动态和数据分布歪斜性质的数据库，有较好的指示作用。

第4章 >>>

加权模糊层次关联规则挖掘

4.1 引　言

在关联规则挖掘问题中，容易涉及许多不确定、不精确情形，因此，需要引入关联规则的模糊扩展。模糊关联规则定义如下：对于关联规则 $X \Rightarrow Y$，如果 X 和 Y 是模糊集合，那么我们可以称这样的关联规则为模糊关联规则（Fuzzy Association Rule，Fuzzy AR）。模糊关联规则中，其支持度、置信度及相关的概念都需要进行重新定义。当前，关联规则的模糊扩展主要有如下三大类：第一类是在处理数量型数据中，采用模糊集合替代数量型间隔，从而获得关联规则的模糊扩展[124-128]；第二类是在层次型关联规则中，由于相关层次之间项目具有隶属模糊性，从而导入关联规则模糊扩展[33,129]；第三类是由于在使用关联规则的时候，决策者习惯于使用模糊语言表达形式，从而导入带语义表达的模糊扩展[33]。此外，相关的工作主要有：Peng Yan 等[34]关注于正的和负的模糊关联规则发现；M. De Cock 等[130]讨论了模糊关联规则中支持度和信任度的真实含义；Didier Dubois 等[131]将数据库中的数据分为正的、负的和不相关的实例集合；等等。

传统关联规则发现架构在数据库中各项目同等重要的基本假设之上，但在实际情况中，往往不同项目具有不同的重要性，例如不同项目具有不同的利润，从而对商家具有不同的重要性权重等，因此，提出了关联规则的加权扩展。该扩展是关联规则的另一类重要扩展。主要的相关工作有:C. H. Cai 等[29]提出了布尔型属性加权关联规则,并给出了相应算法;Wei Wang 等[31]从项集 Intensity 角度引出了加权关联规则;陆建江[132]在 C. H. Cai 等[29]的基础上,提出了一种改进的加权关联规则挖掘算法;Shu,J. 等[30]和 Gyenesei,A. [133]在数值型模糊关联规则中对项集进行加权;Mehmet Kaya 等[125]对跨层关联规则中的不同项目使用模糊语言权重加权,从而得到跨层的加权模糊关联规则;Feng Tao 等[32]提出了一种加权支持一重要性框架下的加权关联规则。

本章我们对 Guoqing Chen 等的模糊层次关联规则[33]模型进行了加权扩展,提出了一种布尔型数据库中的加权模糊层次型关联规则(WGF-AR)模型。该模型采用概化权重来描述不同叶子结点得到的上层概念项目的权重,在此基础上建立了事务对项集的支持度度量,从而提出相应的规则加权支持度度量和加权置信度度量。并在此基础上,证明了 WGF-AR 模型中,加权向下闭包性质成立,从而进一步提出了相应的 WGF-AR 挖掘 W-Apriori 算法。该算法在生成2-频繁项集时,过滤包含祖孙结点的频繁项集,可以避免计算和生成大量的无用频繁项集。实验结果表明该算法具有较好的性能和可伸缩性。

4.2 模糊层次型关联规则

Guoqing Chen 等[33]从不同层次概念之间的隶属模糊性和语言表达模糊性两个角度,对经典层次型关联规则进行了扩展,分别如图 4-1、图 4-2 所示。图 4-1 中,下层概念部分属于上层概念,因此,引入了上下层概念间的模糊隶属度,例如:Tomato 分别以 0.7 和 0.6 的模糊隶属度隶属于上层概念 Fruit 和 Vegetable,从而使得层次型关联规则更符合实际的情况;图 4-2 中,引入相关的修饰性模糊语言词

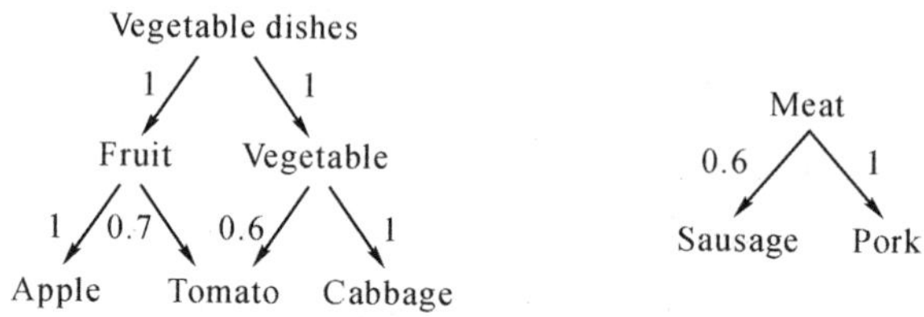

图 4-1　层次型关联规则中的模糊分类结构图

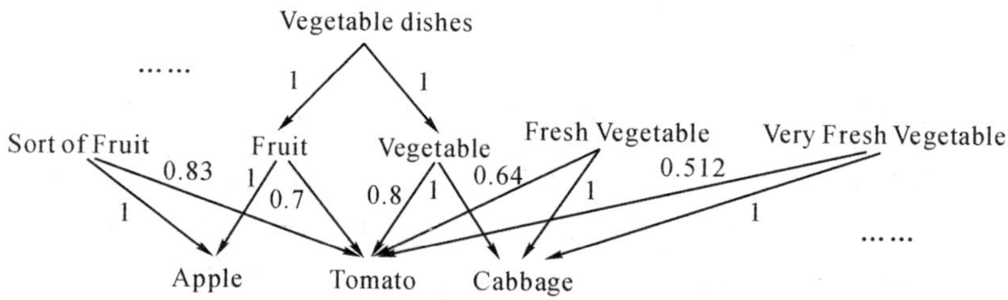

图 4-2　层次型关联规则中带模糊语言的模糊分类结构图

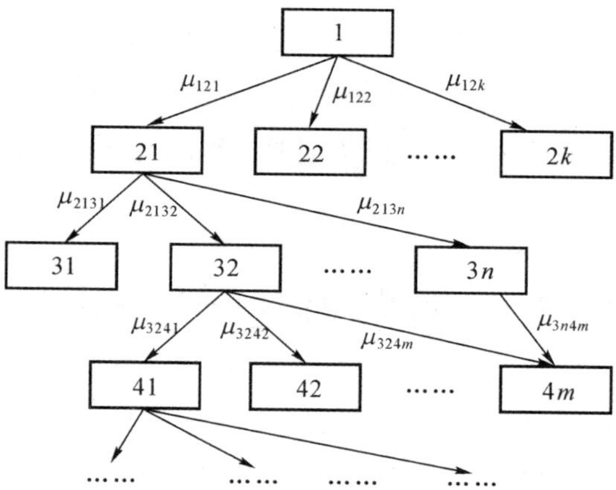

图 4-3　模糊分类结构图

汇，如 Sort of，very，Fresh，more-or-less 等，从而更适合于语言的表达形式。模糊分类结构中的叶子结点项目是在事务集中实际出现的项目。

设考虑事务型数据库 D，设给定事务集 T，可将图 4-1、图 4-2 中的模糊分类结构抽象为图 4-3 所示的更具通用性的模糊分类结构。其中，模糊隶属度量 μ_{xy} 表示结点项目 y 隶属于结点项目 x 的程度，则给出如下定义：

$$\mu_{xy} = \bigoplus_{\forall l: x \to y} \left(\bigotimes_{\forall e \text{ on } l} \mu_{le} \right) \tag{4.3}$$

其中，$l: x \to y$ 是从项目 x 到 y 在模糊分类结构图上的访问路径，e on l 表示 e 是路径 l 上的一条边，μ_{le} 是路径 l 上的边 e 的模糊隶属度量，如果 x 和 y 之间没有访问路径，则 $\mu_{xy} = 0$，$\oplus$ 和 $\otimes$ 可以根据具体的问题，选取适当的操作，如可以分别取为 max 和 min。

设 T 是事务集合，$t \in T$ 是 T 中一个事务，a 是事务 t 中的一个项目，X 是一个项目集合，$x \in X$ 是 X 中一个项目，这样，μ_{xa} 就可以看做是项集 $\{a\}$ 支持 x 的度量。从而，我们可以得到 t 支持 X 的度量，它可由下式获得：

$$\mu_{tX} = \text{Support}_{tX} = \min_{x \in X}(\max_{a \in t}(\mu_{xa})) \tag{4.4}$$

这样，事务集合 T 支持 X 的度量可以由式(4.5)得到，其中 $\sum$ count 是求和操作，用于将所有 T 中事务 t 支持 X 的支持度计数累加起来：

$$\begin{aligned} D\text{support}(X) &= \sum_{t \in T} \text{count}(\text{Support}_{tX}) / |T| \\ &= \sum_{t \in T} \text{count}(\mu_{tX}) / |T| \end{aligned} \tag{4.5}$$

这样，对于模糊层次型关联规则 $X \Rightarrow Y$，设 $X \cup Y = Z$，模糊层次型关联规则的支持度 $D\text{support}(X \Rightarrow Y)$ 可以根据下式进行计算：

$$D\text{support}(X \Rightarrow Y) = \sum_{t \in T} \text{count}(\mu_{tZ}) / |T| \tag{4.6}$$

类似地，模糊层次型关联规则的信任度 $D\text{confidence}(X \Rightarrow Y)$ 可由下式计算得到：

$$D\text{confidence}(X \Rightarrow Y) = \sum_{t \in T} \text{count}(\mu_{tZ}) / \sum_{t \in T} \text{count}(\mu_{tX}) \tag{4.7}$$

这样，在得到了模糊层次型关联规则的支持度和信任度后，就可以进一步进行相关算法的设计与实现。

4.3 布尔型数据库中的加权模糊层次型关联规则挖掘

4.3.1 加权的原因

传统关联规则分析方法的前提是假设数据库中各项目具有相同的重要性，但在实际情况中却往往不是这样的。下面，我们给出两个实例进行说明。

实例 1 考虑如下两条关联规则：

枕垫 ⇒ 沙发 [s=0.5%,c=30%]

面包 ⇒ 牛奶 [s=1.0%,c=30%]

前一条规则虽然在支持度上小于后一条规则，但从所带来的利润角度看，前者比后者也许更重要。而此时如果以0.8%的最小支持度阈值挖掘数据库，则会丢失前面这条重要规则。

实例 2 考虑某网站某个用户的一次访问记录：

Page A：100s，Page B：10s，Page C：300s，Page D：1s

如果用传统关联规则抽取用户对网页的兴趣度，则此次访问可被描述为事务记录：(A B C D)，而实际上该用户对 Page C 的感兴趣程度要远远超过 Page D。传统关联规则挖掘方法忽视了这样的差异。

因此，有必要对事务项根据其重要性程度赋予相应的权值。

4.3.2 叶子结点项权值的确定

要建立加权模糊层次型关联规则，首先，我们需要为模糊分类结构中的每一个叶子结点项目确定相应的权值。设有 m 个叶子结点项

目 $y_1, y_2, \cdots, y_m$，则其权值的确定可以是：

(1) 根据该项目所具有的利润或经营者对该项目的感兴趣程度，通过专家评分，赋予相应的权值，设为 $W_{y_1}, W_{y_2}, \cdots, W_{y_m}$。例如，4.3.1 小节实例 1 中的“枕垫”、“沙发”、“面包”、“牛奶”的权值可以由其相应的利润值得到。

(2) 根据项所在事务记录 t 自身属性，由策略 f 动态决定，即 $W_{y_i}(t) = f(t, y_i)$。例如，4.3.1 小节实例 2 中相应网页的权值可以由该记录中用户访问页面的持续时间得到，即 $W_{y_i}(t) = \text{view\_time}(t, y_i)$。

可以发现，方法(1) 中，项的权值在所有记录中都是一致的；而在方法(2) 中，其权值由事务记录 t 自身属性根据策略 f 得到，因此是动态变化的。

为了表述的清晰起见，下面，我们仅讨论根据方法(1)得到的 WGF-AR 模型相关概念、性质及其挖掘算法，由方法(2)得到的模型相关定义、性质及其算法与之完全类似，因此，不再详细阐述。

4.3.3　加权模糊层次型关联规则(WGF-AR)模型

在得到叶子项权值后，我们就可以进一步确定非叶子结点项目所具有的权值。由于上层的非叶子结点项目可以由不同的下层叶子结点项目概化得到，我们认为由不同下层叶子结点概化得到的上层项目的重要性是不同的。我们用概化权重来反映这种由不同叶子结点得到的上层概念项目的权重。

定义 4.1　概化权重 W_{xy} 表示由叶子结点项目 y 概化得到结点项目 x 的重要度(兴趣度) 度量。

根据公式(4.3)，可以求得结点项目 y_i 和结点项目 x 之间的模糊隶属度量 $\mu_{xy_i}(j = 1, 2, \cdots, m)$。这样，概化权重 $W_{xy_i}(j = 1, 2, \cdots, m)$ 就可以由下式得到：

$$W_{xy_i} = \mu_{xy_i} \cdot W_{y_i} \tag{4.8}$$

在得到所有项目的权重之后，我们给出了 WGF-AR 规则的加权支持度和加权置信度计算方法：

设 T 是事务集合，$t \in T$ 是 T 中一个事务，a 是事务 t 中的一个项目，X 是一个项目集合，$x \in X$ 是 X 中一个项目，这样，W_{xa} 就可以看做是项集 $\{a\}$ 加权支持 x 的度量。从而，我们可以得到 t 加权支持 X 的度量：

$$W_{tX} = W\text{Support}_{tX} = \min_{x \in X}\left(\sum_{a \in t}(W_{xa})\right) \tag{4.9}$$

类似地，考虑整个事务集合 T，T 对 X 的加权支持度量可以由下式计算得到：

$$W\text{Support}(X) = \sum_{t \in T} W\text{Support}_{tX} / |T| = \sum_{t \in T} W_{tX} / |T| \tag{4.10}$$

定义 4.2 加权模糊层次关联规则（Weighted Generalized Fuzzy Association Rules，简记为 WGF-AR）是一个形如 $X \Rightarrow Y$ 的蕴含式，其中 X,Y 为项目集合，$X \cap Y = \varnothing$，且 $X \cup Y$ 中任意两个项目之间都不存在祖先和子孙关系。

上述定义中，我们约束 $X \cup Y$ 中任意两个项目之间都不存在祖先和子孙关系，是为了去除无意义的 WGF-AR 规则。接着，我们就可以进一步为模糊层次型关联规则定义加权支持度量和加权信任度量。

定义 4.3 设有加权模糊层次关联规则 $X \Rightarrow Y$，令 $X \cup Y = Z$，则它的加权支持度为：

$$W\text{Support}(X \Rightarrow Y) = \sum_{t \in T} W_{tZ} / |T| \tag{4.11}$$

定义 4.4 对于加权模糊层次关联规则 $X \Rightarrow Y$，$X \cup Y = Z$，它的加权信任度为：

$$W\text{Confidence}(X \Rightarrow Y) = \sum_{t \in T} W_{tZ} / \sum_{t \in T} W_{tX} \tag{4.12}$$

定义 4.5 对于加权模糊层次型关联规则，某 k－项目集 X 被称为是加权频繁项目集，如果满足如下两个条件：

(1)X 中任意两个项目之间都不存在祖先和子孙关系；

(2)X 的加权支持度不低于最小加权支持阈值 $w\text{minSup}$，即：

$$
\begin{aligned}
W\text{Support}(X) &= \sum_{t\in T} W\text{Support}_{tX} / |T| \\
&= \sum_{t\in T} W_{tX} / |T| \geqslant w\text{minSup}
\end{aligned} \tag{4.13}
$$

条件(1)是为了避免生成无意义的加权模糊层次关联规则，条件(2)是为了满足加权频繁性质。

定义 4.6　加权模糊层次关联规则 $X\Rightarrow Y$ 称为是强规则，如果满足 $X\cup Y$ 是加权频繁项目集，且有其信任度不低于最低加权信任度阈值 $w\text{minConf}$。

我们使用算例来说明上述 WGF-AR 中的相关概念和支持度、信任度的计算方法。

例 4-1　设有如表 4-1 和表 4-2 所示的数据库，表 4-1 表示超市数据库中的事务记录，表 4-2 为各项目的的信息，如条形码、商品名、利润额和相应的权重。

表 4-1　超市数据库中的事务

事务编号 #	购买商品
#100	Apple
#200	Tomato,Sausage
#300	Cabbage,Sausage
#400	Tomato,Pork
#500	Pork
#600	Cabbage,Pork

表 4-2　商品数据库

条形码	商品名	利润额	权重
1	Apple	100	0.1
2	Tomato	100	0.1
3	Cabbage	200	0.2
4	Sausage	300	0.3
5	Pork	600	0.6

设这些商品的模糊分类结构如图 4-1 所示，那么根据公式(4.3)，得到的叶子结点项目与上层概念项目的隶属度量如表 4-3 所示。例如：$\mu_{\text{Fruit,Tomato}} = \max(\min(0.7)) = 0.7$。

表 4-3　叶子结点项目与上层概念项目的隶属度量

叶子结点项目	该叶子结点项目与上层概念的隶属度量
Apple	1/Apple,1/Fruit,1/Vegetable dishes
Tomato	1/Tomato,0.6/Vegetable,0.7/Fruit,0.7/vegetable dishes
Cabbage	1/Cabbage,1/Vegetable,1/Vegetable dishes
Pork	1/Pork,1/Meat
Sausage	1/Sausage,0.6/Meat

进而，根据表 4-2 和公式(4.8)，得到叶子结点项目概化得到的上层概念项目的概化权重如表 4-4 所示。例如：$W_{\text{Fruit,Tomato}} = \mu_{\text{Fruit,Tomato}} \cdot W_{\text{Tomato}} = 0.7 \times 0.1 = 0.07$。

表 4-4　叶子结点项目概化得到的上层概念项目的概化权重

叶子结点项目	该叶子结点项目概化得到的上层概念项目的概化权重
Apple	0.1/Apple,0.1/Fruit,0.1/Vegetable dishes
Tomato	0.1/Tomato,0.06/Vegetable,0.07/Fruit,0.07/vegetable dishes
Cabbage	0.2/Cabbage,0.2/Vegetable,0.2/Vegetable dishes
Pork	0.6/Pork,0.6/Meat
Sausage	0.3/Sausage,0.18/Meat

设最低加权支持阈值 $w$minSup 为 0.5/6，则我们根据定义 4.5 和公式(4.10)给出所有的加权频繁项目集及其支持度，如表 4-5 所示。

表 4-5　加权频繁项集及其相应的加权支持度

加权频繁项集	相应的加权支持度
{Pork}	1.8/6
{Sausage}	0.6/6
{Vegetable dishes}	0.64/6
{Vegetable}	0.52/6
{Meat}	2.16/6
{Vegetable dishes, Meat}	0.52/6
{Vegetable, Meat}	0.5/6

例如，对于项目集{Vegetable, Meat}，其支持度计算方法为：

(min(0.06, 0.18) + min(0.2, 0.18) + min(0.06, 0.6) + min(0.2, 0.6))/6 = 0.5/6

而对于项目集{Pork, Meat}，虽然它符合最低加权支持阈值的要求，但因为不符合加权频繁项集定义 4.5 条件(1)，所以去除。

设最低加权置信度阈值 $w$minConf 为 0.8，则根据加权频繁项集，得到满足条件的 WGF-AR 规则如表 4-6 所示。例如：

WSupport(Vegetable⇒Meat) = WSupport(Vegetable, Meat) = 0.5/6,

WConfidence(Vegetable ⇒ Meat) = WSupport(Vegetable, Meat)/WSupport(Vegetable) = (0.5/6)/(0.52/6) = 0.962.

表 4-6　发现的 WGF-AR 规则

发现规则	加权支持度	加权置信度
Vegetable dishes ⇒ Meat	0.52/6	0.813
Vegetable ⇒ Meat	0.5/6	0.962

4.4 WGF-AR 规则挖掘算法

我们首先阐述 WGF-AR 模型中的向下闭包性质，然后进一步描述相应的挖掘 W-Apriori 算法。

4.4.1 性　质

Apriori 算法等关联规则挖掘算法高效挖掘的基础在于频繁项具有“向下闭包性质”。而在传统加权模型[29,31,132]中，却存在着“加权环境下，向下闭包失效”的问题，从而限制了加权模型和算法的进一步应用。为解决该问题，Wei Wang 等[31]采用了两阶段的方法：首先，由标准的关联规则挖掘算法产生频繁项集，然后在挖掘后处理阶段进一步应用权值，从而生成 WARs 加权规则；Bing Liu 等[134]允许用户设置为不同的项设置不同的最小支持度，其效果等同于为项设置不同的权值，该模型中采用“排序闭包性质”来替代“向下闭包性质”。

与上述模型不同的是，WGF-AR 模型满足向下闭包性质，因此可以充分利用已有的高效关联规则挖掘算法挖掘 WGF-AR 规则。我们首先对该性质进行描述：

性质 4.1(加权向下闭包性质)　在 WGF-AR 模型，加权频繁项集的所有非空子集均为加权频繁项集。

证明：根据定义 4.5，如果项集 X 不是加权频繁项集，则下述条件至少有一为真：(1) X 中存在两个项目为祖先和子孙关系；(2) X 的加权支持度低于 $w$minsup。

a. 假设条件(1) 成立，则对项集 X 添加项 A，$X \cup A$ 中同样存在两项目为祖先和子孙关系，则有 $X \cup A$ 为非加权频繁项集，加权向下闭包性质成立；

b. 假设条件(2) 成立，即有：

$$WSupport(X) = \sum_{t \in T} W_{tX} / |T| = \sum_{t \in T} (\min_{x \in X} (\sum_{a \in t} (W_{xa}))) / |T| < w\text{minsup} \tag{4.14}$$

如果为项集 X 添加项 A，则有：

$$\begin{aligned} WSupport(X \cup A) &= \sum_{t \in T} W_{t(X \cup A)} / |T| \\ &= \sum_{t \in T} (\min_{x \in (X \cup A)} (\sum_{a \in t} (W_{xa}))) / |T| \\ &\leqslant \sum_{t \in T} (\min_{x \in X} (\sum_{a \in t} (W_{xa}))) / |T| \end{aligned} \tag{4.15}$$

由式(4.14)和式(4.15)可以推出，$WSupport(X \cup A) < w\text{minSup}$，即 $X \cup A$ 也为非加权频繁项集，加权向下闭包性质成立。

综上，加权向下闭包性质成立。证毕。

4.4.2　W-Apriori 算法

在 4.4.1 小节性质的保证下，我们提出了相应的 WGF-AR 规则挖掘算法 W-Apriori。

整个 W-Apriori 算法包括三个步骤：第一，扩展事务集生成；第二，加权频繁项集产生；第三，WGF-AR 规则生成。算法具体描述如图 4-4 所示。其中，D 为初始数据集，$w$minSup 、$w$minConf 分别为最低加权支持度阈值和加权置信度阈值，*Taxonomy* 为预先给定的模糊分类结构，$y_1 \sim y_m$、$W(y_1) \sim W(y_m)$分别为所有的叶子结点及其权值，WT 为概化权重表，Ancestor(y_i)表示 y_i 祖先结点的集合，C_k 是候选 k-加权频繁项集，L_k 是 k-加权频繁项集。Apriori-Gen(L_{k-1})、Subset(C_k，t)函数与 Apriori 算法中相应函数相同，Rule-generation($\bigcup_k L_k$，$w$minConf)中的置信度需要采用 WGF-AR 模型新定义，其余与 Apriori 算法中的 Rule-generation 函数相同。

算法：W-Apriori

输入：数据集 D，$w$minSup，$w$minConf，*Taxonomy*，$y_1 \sim y_m$，$W(y_1) \sim W(y_m)$

输出：WGF-AR 规则集 R

方法：

```
D′ ← Transaction_Extend(D, y_1~y_m, W(y_1)~W(y_m), Taxonomy);
L_1 = {frequent 1-itemsets};
for (k=2; L_{k-1} ≠ ∅; k++) do {
   C_k = Apriori-Gen(L_{k-1});
   for each transaction t ∈ T′ do {
      C_t = Subset(C_k, t);
      for each candidate c ∈ C_t do
         如果 k≠2 或者 c 不包含祖孙结点，则 c.Support += W_tc ;}
   L_k = {c ∈ C_k | c.Support ≥ wminSup };}
R = Rule-generation(∪_k L_k, wminConf);
return R
```

Function: Transaction_Extend($D, y_1 \sim y_m, W(y_1) \sim W(y_m), Taxonomy$)

```
WT ← Weight_Generation(y_1~y_m, W(y_1)~W(y_m), Taxonomy), D′ ← {∅};
for each transaction t ∈ D do {
   for each item y ∈ t do {
      将(y, W(y))插入t′;
      for each a_i ∈ Ancestor(y) do
         如果 W_{ta_i} 不存在，W_{ta_i} ← W(a_i, y)，否则 W_{ta_i} += W(a_i, y);}
   将所有(a_i, W_{ta_i})插入t′，得到 t 扩展的事务项t′，将t′插入扩展事务集D′; }
```

Function: Weight_Generation($y_1 \sim y_m, W(y_1) \sim W(y_m), Taxonomy$)

```
for each y_i (i=1,2,…,m) do
   for each a_ij ∈ Ancestor(y_i) do {
      μ(a_ij, y_i) ← max_{∀ l: a_ij → y_i} (min_{∀ e on l} (μ_le));
      W(a_ij, y_i) ← μ(a_ij, y_i) · W(y_i);
      将 W(a_ij, y_i) 插入概化权重表 WT;}
```

图 4-4　W-Apriori 算法

上述算法中，采用了对具有祖孙关系的加权频繁项的过滤优化技术，该优化在 2-加权频繁项集生成时（Line 8）进行，一次过滤即可保证所有生成的加权频繁项不包含具有祖孙关系的结点。它是由下述性质得到的：

性质 4.2　W-Apriori 算法中，如果生成的 2-加权频繁项集不包含具有祖孙关系的两项，则算法后续迭代生成的 n-加权频繁项集（$n>2$）同样不包含具有祖孙关系的两项。

反证：假设算法生成的 n-加权频繁项集（$n>2$）包含祖孙关系的两项 $Item_1$，$Item_2$，则根据加权向下闭包性质，可知 $\{Item_1, Item_2\}$ 为加权频繁项集，即 2-加权频繁项集包含 $\{Item_1, Item_2\}$。与性质条件矛盾！假设不成立，性质成立。证毕。

4.5　性能测评

我们使用 VC 6.0 实现了上述 W-Apriori 算法，算法采用高性能 Trie 树结构进行相关的保存和累加操作。下面，我们首先分析了算法的性能，然后进一步测试了算法的可伸缩性。

4.5.1　实验一：算法性能测试

该实验中，我们对 WGF-AR 规则挖掘算法 W-Apriori 和模糊层次型关联规则挖掘算法 GFAR[33] 的性能进行了比较测试。其中，测试数据为计算机随机生成的模拟数据，其相关参数设置如表 4-7 所示；模糊分类结构参数如表 4-8 所示；商品项权值设置为 0.6 到 2.4 之间的随机值；事务数量变化测试中，最小支持度阈值设置为 0.01。测试时间均不包含规则生成部分所需的时间。测试平台为 CPU AMD Sempron 2400+ 1.67GHz，操作系统 Windows XP。

表 4-7 事务数据生成参数

参 数	含 义	默认值
$\|D\|$	事务数量	10000
$\|T\|$	事务尺寸设置	2-14 随机平均分布
N	商品项目数	1000

表 4-8 模糊分类结构参数

参 数	含 义	默认值
N_l	模糊分类结构叶子结点数	1000
R	根结点数	1
L	模糊分类结构层次数	4
F	扇出(Fanout)	10
u	模糊隶属度设置	2/3 隶属度为 1,1/3 隶属度[0,1]随机分布

算法性能测试结果如图 4-5、图 4-6 所示，可以发现：在最小权值和事务数量变化过程中，较 GFAR 算法，W-Apriori 需要额外处理商品项的权值，但两者性能差异并不明显，均表现出较好的性能。

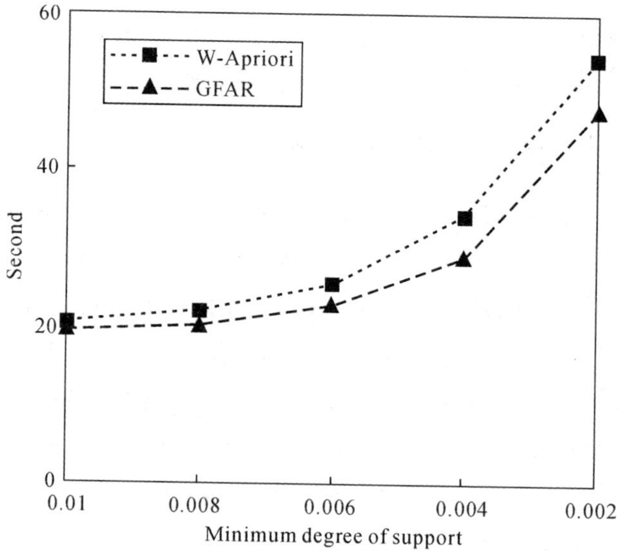

图 4-5 最小支持度变化对算法性能的影响

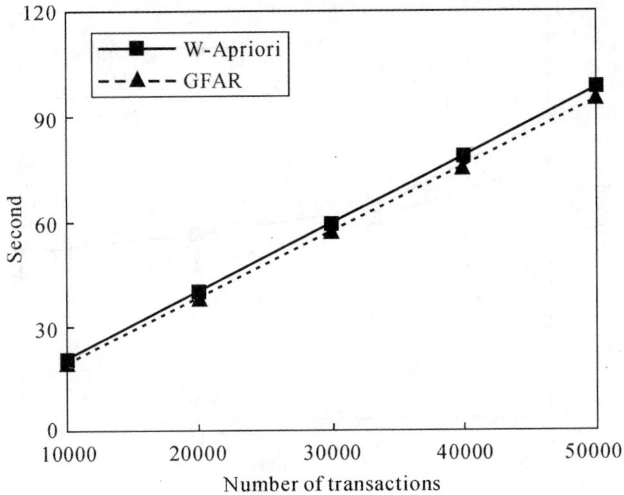

图 4-6　事务数量变化对算法性能的影响

4.5.2　实验二:可伸缩性实验

最小支持度阈值对算法性能有较大影响,从实验一图 4-5 可以发现:随着最小支持度阈值逐渐变小,两种算法的执行时间均会逐步增大,且增长幅度也会逐步增加;实验一图 4-6 测试了事务数量对算法性能的影响,实验表明:随着事务量的增加,两种算法的执行时间都以近似线性的方式增长,均具有较好的可伸缩性。

下面,我们依次对扇出(Fanout)、模糊分类结构层次数、项目数进行变化,测试其对算法性能的影响,实验中其他参数保持不变,最小支持度阈值除层次数变化实验采用 0.002 外,其余均设置为 0.01,测试结果如图 4-7 至图 4-9所示。

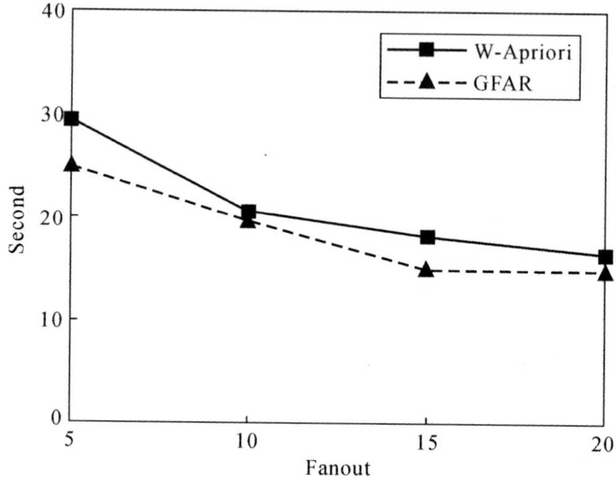

图 4-7　扇出变化对算法性能的影响

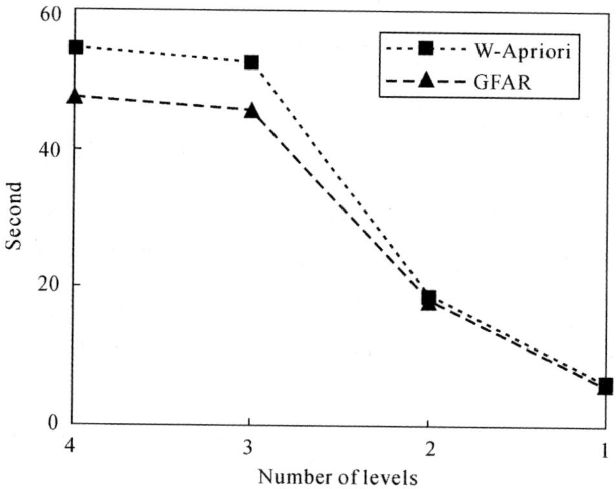

图 4-8　层次数变化对算法性能的影响

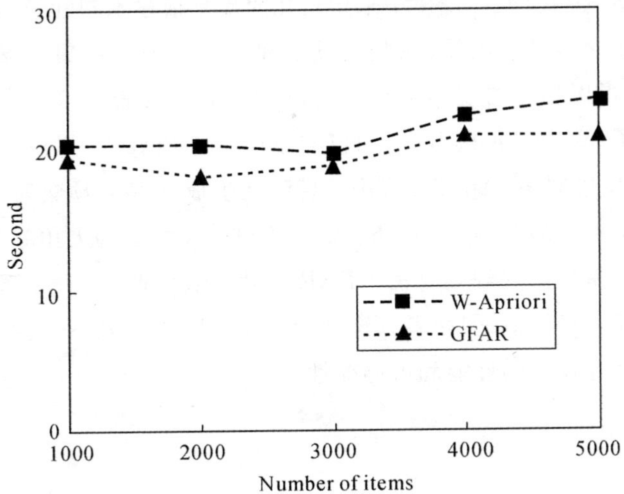

图 4-9　项目数变化对算法性能的影响

从图 4-7 所示，可以发现：随着扇出的增加，算法执行时间逐步减少，这是由于扇出的变化将影响所生成的非叶子结点的数量，当扇出逐步增大时，非叶子结点数量逐步减少，因此，算法执行的时间也将逐步变小；图 4-8 表明：层次数的变化对算法性能有较大影响，这同样是因为层次数的变化将大大影响非叶子结点的数量，从而较大地影响了算法的性能；从 1000～5000 变化商品项目数，结果如图 4-9 所示，可以发现，商品项目数的变化对算法性能影响不大。

上述实验表明 W-Apriori 算法和 GFAR 算法均具有较好的可伸缩性能。

4.6　本章小结

本章在带有模糊分类结构的层次型模糊关联规则基础上，引入了加权扩展，提出了一种布尔型数据库中的加权模糊层次型关联规则(WGF-AR)模型。该模型采用概化权重来描述不同叶子结点得到的上层概念项目的权重,在此基础上建立了事务对项集的支持度度量,从而提出相应的规则加权支持度度量和加权置信度度量。进一步证明了 WGF-AR 模型中,加权向下闭包性质成立,提出了相应的 WGF-AR 挖掘 W-Apriori 算法。算法在生成 2-频繁项集时,过滤包含祖孙结点的频繁项集,可以避免计算和生成大量的无用频繁项集。与层次型模糊关联规则算法 GFAR 相比,虽然 W-Apriori 算法需要额外处理项目权值,但两者算法性能并没有明显差异,实验结果表明该算法具有较好的性能和可伸缩性。

第5章 >>>

基于模糊分类结构的交易数据库关联规则聚类

5.1 引 言

对于大型数据库，采用关联规则挖掘算法，容易产生大数量级的关联规则，而用户只对其中少部分的规则感兴趣。兴趣度度量可以在一定程度上帮助解决这个问题，提取感兴趣结果，但不适应于用户基于整个挖掘结果的浏览、分析和决策。为此，目前已有部分研究工作围绕于对挖掘结果的剪除、分组和聚类，有助于用户采取自上而下的探索式分析。与此同时，我们也可以进一步使用挖掘结果可视化技术，辅助用户的探索、分析与决策。本章的工作围绕于对交易数据库领域的关联规则进行聚类分析。

关联规则聚类问题属于挖掘后处理问题，当大量的关联规则产生的时候，有必要将"相似"或"相近"的关联规则组织在一起，提交给用户，以方便用户的使用。当前，对于该问题的研究主要有两大类，一类是对数值型和多维的关联规则进行聚类[89,96]，另一类是对交易数据库中的布尔型或概化关联规则进行聚类[86,97-98]。

我们主要针对后一大类的关联规则聚类问题进行讨论。H. Toivonen等[86]和 G. K. Gupta 等[98]所提出的规则聚类方法，均需要扫描原始数据集来计算规则距离，因此需要耗费较多的时间。Aijun An 等[88]提出了两种分组关联规则的方法：客观(OG)算法和主观(SG)算法,OG算法侧重于将规则分为含相同前项集和后项集的规则组,SG算法使用带RSP值的树结构描述规则中的商品项,但在使用基于水平位置(hpos)和垂直位置(vpos)的项和项集差别表示方法上具有较大的主观性。阮备军等[97]使用分类结构树来计算商品项目之间的距离,较带RSP值的标记非平衡树,可以相对有效地表示规则项之间的相似性度量。

模糊分类结构是指包含模糊隶属度的层次分类结构,已被Guoqing Chen等人[33]应用于模糊关联规则的挖掘上。它较传统的层次分类结构,更能够有效描述层次结点之间的部分隶属关系,即子结点部分属于父结点的情况,如图5-1所示。图5-1中,Tomato分别以0.7和0.6的隶属度隶属于Fruit和Vegetable。

使用分类结构树的方法[97]具有较快并有效地得到聚类结果的优点,但它仅仅考虑不同层次之间的语义差别,而没有进一步考虑具有不同隶属度项目的语义差别。例如在图5-1中,使用分类结构树的方法认为Apple与Fruit之间的语义差别,跟Tomato与Fruit之间的语义差别是相同的。我们认为这样的语义差别描述尚不够细致,还需要进一步考虑Apple与Fruit之间,Tomato与Fruit之间的模糊隶属度。显然,Apple与Fruit之间的模糊隶属度比较大,因此,它们之间的语义差别较Tomato与Fruit之间的语义差别更小,更为相似。此外,使用分类结构树进行建模,显然不能对一个商品同时隶属于多个项目的情况进行建模。例如,Tomato即属于Fruit,也属于Vegetable,这样的情况,分类结构树显然无法进行分析和距离的度量。

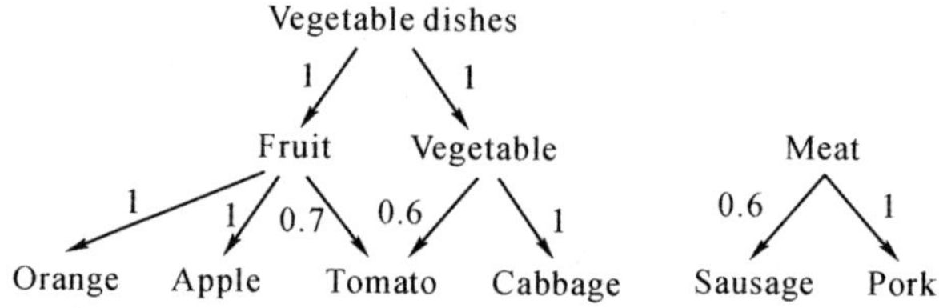

图5-1 模糊分类结构示例

为克服分类结构树方法的上述不足，我们应用具有有向无环图形式的模糊分类结构来计算商品项目之间的细致语义差别。在模糊分类结构方法中，我们同时考虑了不同层次间商品的语义差别，以及具有不同模糊隶属度商品间的语义差别。此外，该结构还可以有效地解决一个商品同时属于多个项目的情形。

本章所做的主要工作如下：为方便商品项目间细致差别的计算，我们首先将模糊分类结构中可能存在的多个有向无环图合并成单个的有向无环图，然后为模糊分类结构添加语义差别信息。这样，就可以进一步利用所构建的带语义差别信息的模糊分类结构计算商品项间的语义差别了。在带语义差别信息的模糊分类结构上，本章提出了相应的项间距离、项集距离和规则距离计算方法，其中项集距离较现有方法[97]具有较少的时间开销。然后，使用聚类可视化工具展示和分析了聚类的计算结果。试验表明基于模糊分类结构的方法具有较好的性能和可扩展性。最后，我们对本章进行了总结。

5.2　模糊分类结构的合并

为有效利用模糊分类结构描述关联规则中项目间的细致语义差别，我们对模糊分类结构采用了形式化的描述方法。由于可能存在多个有向无环图，为便于不同有向无环图中项目间距离的计算，我们需要对模糊分类结构中的多个有向无环图进行合并操作。

5.2.1　模糊分类结构描述

我们可以将模糊分类结构描述为若干个带权的有向无环图的集合：$T=\{\mathrm{DAG}_1,\mathrm{DAG}_2,\cdots,\mathrm{DAG}_n\},n\geqslant 1$。如果某个结点项 x，没有任何子孙结点，则称 x 为叶子结点项。模糊分类结构中，叶子结点项是在交易数据库中实际出现的项，而其祖先结点项是由交易数据库中项目概括后得到的项。

5.2.2 多个有向无环图的合并

由于模糊分类结构可能存在多个有向无环图的情形，为了便于处在不同有向无环图中的项的相似度的比较，例如，比较图 5-1 中的 Tomato 项和 Pork 项的语义相似度，我们需要将多个有向无环图合并成一个有向无环图。合并方法如下：添加一个根结点 ROOT，表示总类别，并由 ROOT 出发，分别向每个有向无环图的根结点引出一个有向边，并设它们的模糊隶属度权值均为 1。例如，将图 5-1 中的两个有向无环图合并，如图 5-2 所示。

合并前后，仅增加总类别根结点和根结点引出的有向边，因此，不改变合并前后已有的有向无环图对各项目的组织方式。

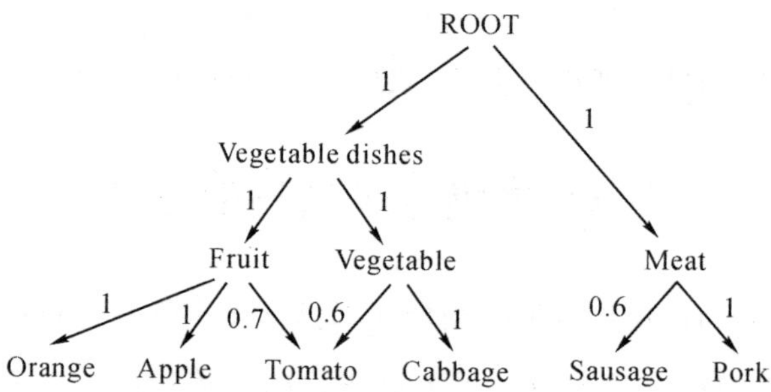

图 5-2 合并后的模糊分类结构示例

5.2.3 合并后的模糊分类结构描述

合并后的模糊分类结构可以描述为一个有向无环图 $T \leqslant I,E,W>$，其中 $I=\{i_1,i_2,\cdots,i_m\}$ 是 m 个项的集合，E,W 分别是有向边和模糊隶属度权值的集合。后文所描述的模糊分类结构，如不加特别说明，都表示是经过合并操作后，仅具有唯一有向无环图的模糊分类结构。

在模糊分类结构中，若从结点 x 到结点 y 存在有向边，则称 x 是 y 的祖先结点，y 是 x 的子孙结点，祖孙关系具有传递性。

定义 5.1　若 x 和 y 之间存在祖孙关系，则称连接项 x 和 y 的边的序列为 x 和 y 之间的有向路径，不妨设 x 是 y 的祖先，则可将该有向路径记作 $l(x,y)=(e_1,e_2,\cdots,e_n)$，其中，边 e_i 的终点和 e_{i+1} 的起点一致，e_1 的起点是 x，e_n 的终点是 y。

当 $x=y$ 时，有向路径 $l(x,x)=()$，即为空序列。对于项 x 和 y，有可能存在多个有向边的序列，即可能存在多条有向路径，例如 Vegetable dishes 与 Tomato 之间，存在两条有向路径 l_1 和 l_2：$l_1=\{e(\text{Vegetable dishes},\text{Fruit}),e(\text{Fruit},\text{Tomato})\}$，$l_2=\{e(\text{Vegetable dishes},\text{Vegetable}),e(\text{Vegetable},\text{Tomato})\}$。我们在第 4.4.1 节阐述在带语义差别的模糊分类结构中，选择其中一条有向路径，作为具有祖孙关系的 x 和 y 之间的语义通路。

5.3　带语义差别信息的模糊分类结构

在对模糊分类结构进行合并操作之后，我们需要构建带语义差别信息的模糊分类结构，并利用该结构来计算商品项目间的距离。构建过程分为三个步骤：第一步确定项所在层次，为我们第二步的工作奠定基础；第二步确定不同层次间的语义差别，这个语义差别是主要的语义差别，层次间语义差别分别考虑了相邻层次间的语义差别和不相邻层次间的语义差别；第三步确定具有不同模糊隶属度商品在语义上的细致差别，从而为每条有向边添加相应的细致语义差别。具体描述如下：

首先，我们需要根据语义确定模糊分类结构中每个项所处的层次 depth，处于同一层次的项表示是具有相同粒度的概念，确定过程需要遵循如下规则：

(1)根结点的层次为1,即 depth(ROOT)=1;

(2)有向边起点的层次应小于终点的层次;

(3)项目层次安排尽量紧凑,不能存在某一层次 d,d 层次没有任何项目;

(4)于同一层次的结点项目概念需要具有相同的粒度。

例如,根据项的语义,图5-2中项目所处层次如图5-3所示,如Meat、Fruit 具有相同粒度的概念,都处于第3层次。

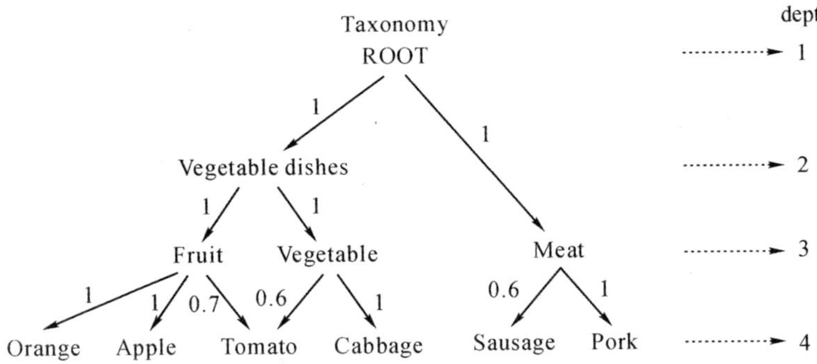

图5-3 模糊分类结构中项所处的层次

根据上述规则确定项目层次,涉及比较项目概念的粒度,一般需要人工交互参与标注。为方便交互,可使用图5-3形式的图形化界面,展示整个分类结构及其推荐的层次,用户可以上下拖动项所处的层次,但不能够改变图的父子结点间的组织结构。用户调整结束后,就可以自动根据上述图形化界面标注出相应的层次。

第二,确定不同层次之间的层次语义差别。

我们将不同层次之间的层次语义差别分作两种情况进行讨论。一种是相邻的不同层次间的层次语义差别,另一种是不相邻的两个层次间的层次语义差别。

对于两个相邻层次间的层次语义差别,我们有假设5.1:

假设5.1 设在模糊分类结构中,有相邻的不同层次 $a,a+1$,

$a \in N$,那么层次 a 越深,则层次 $a,a+1$ 之间的层次语义差别就越小。

该假设同样是源于模糊分类结构的分类习惯,一般采用自粗到细,逐层细化的方法[97]。例如,第 3 层与第 4 层之间的语义差别,是一个小类下面的语义差别,而第 2 层与第 3 层之间的语义差别,是一个大类下面的语义差别。因此,前者的语义差别要小于后者的语义差别。

以交易数据库生成的关联规则的项为例,“水果”和“苹果”之间的语义差别应大于“苹果”和“美国苹果”之间的语义差别,换而言之,“苹果”和“美国苹果”之间的语义差别较小,而“水果”和“苹果”之间的语义差别相对较大。

我们给出定义 5.2 来体现假设 5.1 的基本思想。

定义 5.2　对于相邻的不同层次 $a,a+1,a \in N$,其层次语义差别 $ld(a,a+1)$ 是 a 的函数,即 $ld(a,a+1)=f(a)$,且满足:给定两组相邻的不同层次 a_1,a_1+1 和 a_2,a_2+1,$ld(a_1,a_1+1) \geqslant ld(a_2,a_2+1)$ 成立,当且仅当 $a_1 \leqslant a_2$ 成立。

对于定义 5.2,我们有多种不同的层次语义差别定义函数,可以根据实际情况进行设置,例如,函数 $ld(a,a+1)=1/a$ 就满足了定义 5.2。

例 5-1　对于如图 5-3 所示的模糊分类结构及项所处的层次,我们将相邻不同层次 $a,a+1,a \in N,1 \leqslant a \leqslant 3$ 的层次语义差别函数设置为 $ld(a,a+1)=(3-a+1)/10$。这样的设置显然符合定义 5.2 的约束,由此,我们有 $ld(1,2)=0.3,ld(2,3)=0.2,ld(3,4)=0.1$。

对于两个不相邻层次间的层次语义差别,我们有假设 5.2:

假设 5.2　设在模糊分类结构中,有不相邻的不同层次 $a,a+n$,$a \in N,n \in N$,那么其层次语义差别 $ld(a,a+n)$ 应不小于任何介于 a,$a+n$ 之间的不同层次 $a',a'+n'$ 之间的层次语义差别,即 $ld(a,a+n) \geqslant ld(a',a'+n')$,其中 $a' \in N,n' \in N,a' \geqslant a,a'+n' \leqslant a+n$。

假设5.2体现了不同层次之间相隔层次越多，其层次语义差别越大的思想。例如，第1层与第3层之间的语义差别，应不小于第1层与第2层之间的语义差别。

对于假设5.2，我们可以同样有多种方法来定义不相邻的不同层次之间的层次语义差别。例如，$ld(a,a+n)=\sum_{i=0}^{n-1} ld(a+i,a+i+1)$ 就满足了假设5.2。

例5-2 同样使用图5-3所示的模糊分类结构和项所处的层次，以及例5.1中的相邻层次间的层次语义差别函数，设置不相邻层次 $a,a+n,a\in N,n\in N,n>1$ 的层次语义差别计算函数为 $ld(a,a+n)=\sum_{i=0}^{n-1} ld(a+i,a+i+1)$。这样的设置显然符合假设5.2，由此，我们有 $ld(1,3)=ld(1,2)+ld(2,3)=0.3+0.2=0.5$。

在确定了不同层次间的层次语义差别之后，我们就可以进一步确定每个有向边对应的语义差别权值。

第三，为每个有向边确定相应的语义差别权值。

定义5.3 定模糊分类结构 $T\leqslant I,E,W>$，则带语义差别信息的模糊分类结构可表示为 $T\leqslant I,E,W,W'>$。其中，语义差别权值集合 W' 是从有向边集合 E 到正实数集合的映射函数，语义差别权值 $w'(e(x,y))$ 反映了有向边起点项 x 和终点项 y 之间的语义差别，它可以由下式得到：

$$w'(e(x,y))=ld(\text{depth}(x),\text{depth}(y))/w(e(x,y)) \tag{5.1}$$

其中，$w(e(x,y))$ 为有向边 e 的模糊隶属度权值，由 W 给出。实际情况下，有向边的模糊隶属度权值不应取得过小，一般可设置在范围 $[0.5,1]$ 内。

根据公式(5.1)，我们可以发现有向边的语义差别权值取决于两个因素，一个是有向边起点和终点所在不同层次的层次语义差别 $ld(\text{depth}(x),\text{depth}(y))$，$ld(\text{depth}(x),\text{depth}(y))$ 越大，则有向边的语义差别权值越大；另一个因素是有向边的模糊隶属度权值 $w(e(x,y))$，$w(e(x,y))$ 体现了相似性的度量，即边的模糊隶属度越大，则相似性越大，因此，语义差别也就越小。

例 5-3　同样采用例 5.2 中的模糊分类结构、项所处的层次、相邻以及不相邻层次间的层次语义差别函数，则可计算模糊分类结构中有向边的语义差别：

$w'(e(\text{Fruit},\text{Apple})) = 0.1/1 = 0.1$，

$w'(e(\text{Fruit},\text{Tomato})) = 0.1/0.7 = 0.143$，

$w'(e(\text{ROOT},\text{Meat})) = 0.5/1 = 0.5$，

$w'(e(\text{Vegetable},\text{Tomato})) = 0.1/0.6 = 0.167$.

根据上述三个步骤，我们就可以得到带语义差别信息的模糊分类结构。

5.4　基于模糊分类结构的距离度量

完成带语义差别信息的模糊分类结构的构建之后，我们就可以通过逐步确定项间距离、项集间距离，得到最终的关联规则间距离。项间距离由语义通路确定。考虑到有向无环图的性质，祖孙结点间的语义通路由具有最小权值和的有向路径得到，非祖孙结点间语义通路由两条具有祖孙关系的语义通路连接得到。项集间距离计算方法无需计算最佳匹配，具有较小的计算量。在规则距离度量过程中，我们同时考虑了结构差别和度量差别两个因素。

5.4.1　项间距离

确立项间距离，首先要确定在模糊分类结构中的项间的通路，我们把这样的通路命名为语义通路，并首先考察祖孙结点之间的语义通路。由于祖孙结点之间有可能存在多个有向路径，因此，我

们要挑选其中的一条有向路径，作为祖孙结点之间的语义通路。先在带语义差别信息的模糊分类结构中定义这种祖孙结点间的语义通路。

定义 5.4 设有带语义差别信息的模糊分类结构 $T=<I,E,W,W'>$，$x,y\in I$，且 x 是 y 的祖先，则 x 和 y 之间的语义通路 $l_{sem}(x,y)$ 是 x 和 y 之间所有有向路径中所经过边的语义差别权值和最小的有向路径 $l_{min}(x,y)$，可形式化地表示为：

$$l_{sem}(x,y)=l_{min}(x,y)$$
$$\text{s.t.}\quad \forall\, l(x,y)\quad \sum_{e\text{ on }l}w'(e)\geqslant\sum_{e\text{ on }l_{min}}w'(e) \tag{5.2}$$

其中，$l(x,y)$ 是 x 和 y 之间的有向路径；$w'(e)$ 是有向边 e 的语义差别权值。

例 5-4 延续采用例 5-3 中的模糊分类结构相关设置及相应边的语义差别权值，则 l_{sem}(Vegetable dishes，Tomato)计算如下：

由于 l(Vegetable dishes，Tomato)$=\{l_1,l_2\}$，$l_1=\{e$(Vegetable dishes，Fruit)，e(Fruit，Tomato)$\}$，$l_2=\{e$(Vegetable dishes，Vegetable)，e(Vegetable，Tomato)$\}$，且有 $\sum_{e\text{ on }l_1}w'(e)=0.2+0.143=0.343\leqslant\sum_{e\text{ on }l_2}w'(e)=0.2+0.167=0.367$，因此，$l_{sem}$(Vegetable dishes，Tomato)$=l_1=\{e$(Vegetable dishes，Fruit)，e(Fruit，Tomato)$\}$。

接着，我们将进一步描述不具有祖孙关系结点间的语义通路。

定义 5.5 设带语义差别信息的模糊分类结构 $T=<I,E,W,W'>$ 上有两条具有相同起点的有向路径 $l(x,y)=(e_{11},e_{12},\cdots,e_{1m})$，$l(x,z)=(e_{21},e_{22},\cdots,e_{2n})$，$x,y,z\in I$，则这两条有向路径可以进行连接操作，记作 $l(x,y)\cdot(x,z)$，$l(x,y)\cdot l(x,z)=(e_{11},\cdots,e_{1m},e_{21},\cdots,e_{2n})$。

定义 5.6 假设有带语义差别信息的模糊分类结构 $T=<I,E,W,W'>$，$x,y\in I$，项 x 和 y 之间的语义通路是边的序列，记为

$l_{\text{sem}}(x,y)$。$l_{\text{sem}}(x,y)$ 可由如下方式得到：

(1) 若 x 和 y 为祖孙关系，不妨设 x 是 y 的祖先，即存在 $l(x,y)$，则 $l_{\text{sem}}(x,y)$ 可由定义 5.4 得到；

(2) 若 x 和 y 不为祖孙关系，则寻找 x 和 y 的最近共同祖先 z，即 z 没有任何子孙结点也是 x 和 y 的共同祖先，令 $l_{\text{sem}}(x,y) = l_{\text{sem}}(z,x) \cdot l_{\text{sem}}(z,y)$。

定义 5.7　设有带语义差别信息的模糊分类结构 $T = < I, E, W, W' >$，$x, y \in I$，项 x 和 y 之间的距离定义为：

$$\text{Dist}_{\text{item}}(x,y) = \begin{cases} 0 & x = y \\ \sum\limits_{e \text{ on } l_{\text{sem}}(x,y)} w'(e) & x \neq y \end{cases} \tag{5.3}$$

例 5-5　延续采用例 5-4 中的相关设置，则根据定义 5.7，可以计算项间距离：

$\text{Dist}_{\text{item}}(\text{Fruit}, \text{Tomato}) = 0.143$

$\text{Dist}_{\text{item}}(\text{Vegetable dishes}, \text{Tomato}) = 0.2 + 0.143 = 0.343$

$\text{Dist}_{\text{item}}(\text{Apple}, \text{Tomato}) = 0.1 + 0.143 = 0.243$

5.4.2　项集距离

阮备军等[97]的项集距离计算方法需要有如下的假设：两个项集被视为含有相等商品数的购物篮，均为一个足够大的正整数 λ。然后，才可以将问题抽象为最小网络费用流问题来进行解决。这样的解决方法比较繁琐，而且需要较大的计算开销。实际上，集合与集合之间的距离已有多种定义方法，如最近距离法、最远距离法、平均距离法等。本章使用集合间的平均距离作为项集距离的计算方法，定义如下：

定义 5.8　设有基数为 m 的项集 $X = \{x_1, x_2, \cdots, x_m\}$ 和基数为 n 的项集 $Y = \{y_1, y_2, \cdots, y_n\}$，则 X 和 Y 之间的项集距离定义为：

$$\mathrm{Dist}_{\mathrm{set}}(X,Y)=\frac{1}{m\cdot n}\sum_{i=1}^{m}\sum_{j=1}^{n}\mathrm{Dist}_{\mathrm{item}}(x_i,y_j) \tag{5.4}$$

上述定义无需计算项集间的最佳匹配，因此计算更加简便。

例 5-6 仍然延续使用例 5-5 中的相关设置，考虑项集 $X=\{\text{Orange},\text{Apple},\text{Tomato}\}$，$Y=\{\text{Cabbage},\text{Tomato}\}$，则 X 和 Y 之间的项集距离为：

$$\begin{aligned}\mathrm{Dist}_{\mathrm{set}}(X,Y)&=(0.6+0.243+0.6+0.243+0.267+0)/(3\times 2)\\&=0.326\end{aligned}$$

我们将一些项集间的距离列在表 5-1 中。

表 5-1 项集间距离示例

序号	X	Y	$\mathrm{Dist}_{\mathrm{set}}(X,Y)$
1	{Apple}	{Cabbage, Tomato}	0.422
2	{Apple, Orange}	{Cabbage, Tomato}	0.422
3	{Apple, Pork}	{Cabbage, Tomato}	0.822
4	{Apple, Pork, Sausage}	{Cabbage, Tomato}	0.977
5	{Cabbage}	{Cabbage, Tomato}	0.134
6	{Cabbage}	{Tomato}	0.267

由表 5-1 可以发现，项集间相似性越大，项集间距离就越小，较好地满足了我们所需要的项集距离的要求。

5.4.3 关联规则距离

我们在关联规则距离度量的时候，综合考虑结构差别和规则度量差别两个因素，有如下规则结构距离、规则度量距离和规则距离定义。

定义 5.9 设带语义差别信息的模糊分类结构 $T=<I,E,W,W'>$ 中，有关联规则 $r_1:X_1\Rightarrow Y_1$，$r_2:X_2\Rightarrow Y_2$，X_1,X_2,Y_1,Y_2 为 I 的非空子集，且有非负实数 $\lambda_1,\lambda_2,\lambda_3$，则 r_1 和 r_2 之间的规则结构距离可定义为：

$$\mathrm{Dist}_{\mathrm{rule,stru}}(r_1, r_2) = \lambda_1 \times \mathrm{Dist}_{\mathrm{set}}(X_1, X_2) + \lambda_2 \times \mathrm{Dist}_{\mathrm{set}}(Y_1, Y_2) + \lambda_3 \times \mathrm{Dist}_{\mathrm{set}}(X_1 \cup Y_1, X_2 \cup Y_2) \quad (5.5)$$

设有非负实数 $\lambda_4, \lambda_5, \mathrm{Sup}(r_1), \mathrm{Conf}(r_1), \mathrm{Sup}(r_2), \mathrm{Conf}(r_2)$ 分别为规则 r_1、r_2 的支持度和置信度，则 r_1、r_2 之间的规则度量距离可定义为：

$$\mathrm{Dist}_{\mathrm{rule,meas}}(r_1, r_2) = \lambda_4 \times |\mathrm{Sup}(r_1) - \mathrm{Sup}(r_2)| + \lambda_5 \times |\mathrm{Conf}(r_1) - \mathrm{Conf}(r_2)| \quad (5.6)$$

设有非负权重 w_1, w_2，则 r_1 和 r_2 之间的规则距离可以描述为：

$$\mathrm{Dist}_{\mathrm{rule}}(r_1, r_2) = \frac{w_1 \times \mathrm{Dist}_{\mathrm{rule,stru}}(r_1, r_2) + w_2 \times \mathrm{Dist}_{\mathrm{rule,meas}}(r_1, r_2)}{w_1 + w_2} \quad (5.7)$$

上述定义中，$\lambda_1, \lambda_2, \lambda_3$ 分别指定了结构距离中前项、后项和两者并集的差别的权重；λ_4, λ_5 指定了度量距离中支持度和信任度的差别的权重；w_1, w_2 指定了规则距离中用户对结构差别和度量差别的偏好。当 $w_1 = 1, w_2 = 0$ 时，$\mathrm{Dist}_{\mathrm{rule}}(r_1, r_2)$ 即为结构距离，此时等同于阮备军等[97]对规则间距离的定义。这些权值可以根据实际需要和用户的偏好进行设置。

5.5　规则聚类算法的选择和应用

在得到规则之间的距离矩阵之后，就可以使用聚类算法对规则进行聚类。总体上，规则聚类对聚类算法并没有特殊的要求。现有的大部分聚类算法，如 chameleon[135]，DBSCAN[136] 等都可以直接应用到规则间距离矩阵上，得到最后的规则聚类结果，并需要将其可视化，以帮助用户的理解和使用。阮备军等[97]使用 OPTICS 密度聚类进行规则的聚类，G. K. Gupta 等[98]利用 SOM 进行规则的聚类及可视化，都取得了较好的结果。本章使用 George Karypis 等研发的 CLUTO[137] 聚类工具包进行规则聚类和可视化，聚类算法选择重复对分（repeated bisections）的方法。该部分用于展示我们规则聚类的结果。

5.6 实验分析与讨论

为了验证我们规则距离计算方法的有效性，我们在合成交易数据集 T10I4D100K 上进行测试。整个数据集含有 1000 个商品项目，共有 100000 条交易数据，我们使用关联规则挖掘算法进行计算，设置支持度为 0.0065，置信度 0.5 时，共得到频繁项集 677 个，关联规则 191 条，记该规则集为 RS_1，用于聚类可视化的试验；当设置支持度为 0.003，置信度 0.4 时，得到频繁项集 4543 个，关联规则 9059 条，记该规则集为 RS_2，用于规则距离计算试验。当规则数量较大时，由于规则距离计算开销较大，不适合实时计算，因此，我们将整个聚类过程分为两个步骤：先是进行规则距离计算，然后使用聚类算法进行规则的聚类和可视化。T10I4D100K 的模糊分类结构的参数设置记为 T_1，描述如下：T_1 共有 1 个有向无环图，它分为 4 个分类层次，其中最上层根结点为 ROOT，平均扇出（Fanout）为 10，有向边的模糊隶属度随机产生，其中 2/3 有向边的模糊隶属度为 1，其余 1/3 有向边的模糊隶属度在[0.5，1]之间随机平均分布。相邻不同层次 $a,a+1,a\in N,1\leqslant a\leqslant 3$ 的层次语义差别函数设置为 $ld(a,a+1)=(3-a+1)/10$，不相邻层次 $a,a+n,a\in N,n\in N,n>1$ 的层次语义差别计算函数设置为 $ld(a,a+n)=\sum_{i=0}^{n-1}ld(a+i,a+i+1)$，权重参数设置为 $\lambda_1=1,\lambda_2=1,\lambda_3=0,w_1=1,w_2=0$。本章测试平台为 CPU AMD Sempron 2400+，内存 512M，操作系统 Windows XP，规则距离计算实现工具为 VC 6.0。

5.6.1 实验一：规则距离计算实验

1. 规则距离计算可扩展性测试

两两规则之间的距离计算时间开销 t 与规则数量相关，当规则数

量为 n 时，需要计算 $\frac{n \times (n+1)}{2}$ 次两两规则间的距离，使用 RS_2 规则集，以每次递增 200 条规则方式来测试规则距离计算速度。试验结果如图 5-4 所示，可以发现平均每次规则间距离计算时间基本恒定，所需时间与规则数量相关，具有较好的可扩展性。在规则距离计算中，建立带语义差别信息的模糊分类结构所需的时间开销相当小（小于 1s），与规则距离计算整体相比，可以忽略。

2. 与文献[97]、文献[98]方法的性能分析比较

在规则距离计算中，将本章所使用的项集间的平均距离计算方法（定义 5.4）与文献[97]、文献[98]的项集距离计算进行比较，三者性能对比结果如图 5-4 所示。

设有项集 $X=\{x_1, x_2, \cdots, x_m\}$，$Y=\{y_1, y_2, \cdots, y_n\}$，则文献[97]中，项集距离定义描述如下：

$$\mathrm{diff}(M_{XY}) = \sum_{i=1}^{m}\sum_{j=1}^{n}(\mathrm{Dist}_{\mathrm{item}}(x_i, y_j) \times M_{XY}(x_i, y_j)) \tag{5.8}$$

其中，$\mathrm{Dist}_{\mathrm{item}}(x, y)$ 是项 x 与 y 之间的项间距离；M_{XY} 是 X 与 Y 之间的匹配，这个匹配由解决最小网络费用流问题的 CS2 算法得到。它与本章所使用的方法都需要计算项集中两两项间距离 $\mathrm{Dist}_{\mathrm{item}}(x, y)$。但由于本章所使用的方法无需计算 X 与 Y 之间的匹配，因此，文献[97]方法性能稍差于本章方法。

文献[98]中，项集距离定义为：

$$\mathrm{diff}(M_{XY}) = 1 - \frac{|m(X \cup Y)|}{|m(X)| + |m(Y)| - |m(X \cup Y)|} \tag{5.9}$$

其中，$|m(X)|$、$|m(Y)|$ 已从关联规则挖掘中获得，而 $|m(X \cup Y)|$ 需要重新扫描数据库得到。为减少扫描次数，采用一次扫描，即将所有可能的 $m(X \cup Y)$ 及其计数存储在内存的树结构中，而这部分工作需要较多的内存和时间开销。因此，其性能表现不佳。

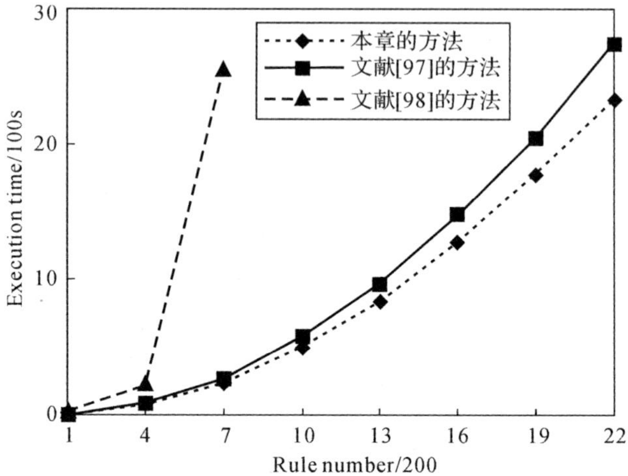

图 5-4 规则距离计算试验

5.6.2 实验二:规则聚类可视化计算

本章使用 CLUTO[137] 聚类工具包进行规则聚类的计算和结果可视化,选择的相关参数描述如下:聚类算法为重复对分方法,聚类结果为 8 类,用于展示的规则集为 RS_1。图 5-5 显示了规则聚类的结果:左边和上部均是规则聚类的树形结构,描述了规则和规则之间是如何组织在一起形成类别的;剩余的正方形部分描述了规则相似性矩阵的可视化。正方形图中的每一点都描述了对应横坐标和纵坐标所在的两个规则间的相似性,点的颜色越深,表明相应规则间的相似性越高;正方形中的横线和竖线表明类的划分。由图中可以发现,对角线上的点的颜色较深,表明了一个类中规则间的相似性比较高,而类间的相似性比较低。图 5-6 详细展示了规则间层次组织的形式。

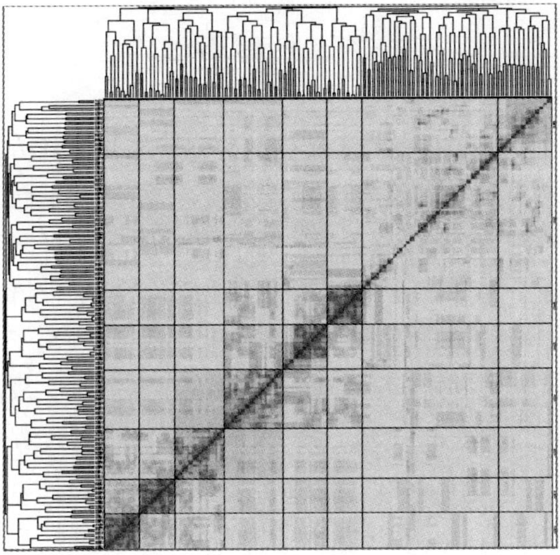

图 5-5　聚类可视化结果

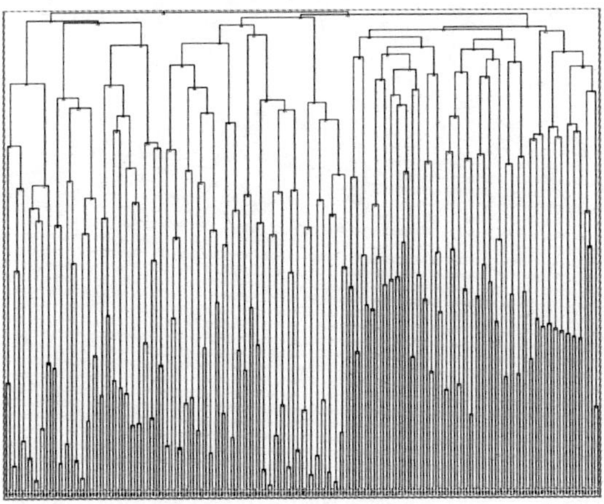

图 5-6　聚类的树形结果

5.7 本章小结

本章提出了基于模糊分类结构的关联规则聚类新方法。该方法同时考虑了不同层次间的项目语义差别,以及具有不同隶属度的项目细致语义差别,将商品分类树改进为具有有向无环图形式的模糊分类结构。充分考虑了有向无环图的性质,提出了带语义差别信息的模糊分类结构构建方法,并在此基础上,进一步提出了基于模糊分类结构的项间距离、项集距离和规则距离计算方法。最后的聚类结果采用可视化工具进行展示。其中,规则距离计算过程中的项集距离计算方法无需计算最佳匹配,因此,具有较小的时间开销。规则距离计算和聚类可视化试验结果表明了方法的可扩展性和有效性。

第 6 章 >>>

使用 Protégé 软件的基于 Ontology 的关联规则检索

6.1 引 言

当我们应用关联规则挖掘算法的时候，对于大型数据库[91]，容易产生大数量级别的关联规则，因此，如何有效地组织和检索这些关联规则，以帮助用户对这些关联规则的理解和使用，已日益成为挖掘结果分析阶段(post-analysis stage)的一个突出挑战。当前相关的工作主要围绕在对于大数量级别关联规则的剪除[86]、分组[86,88]、聚类[89]以及规则的可视化等方面，其中，对于关联规则的检索[90,91,94,140]是其重要内容之一。

现有的关联规则检索工作从不同角度对该问题进行了研究，尚处于不断成熟发展的阶段：文献[94]利用关联规则缓存(rule Cache)将约束操作从在规则产生阶段推迟到从缓存检索阶段，减少了对挖掘算法重复运行的次数，从而加快了规则检索的速度；文献[140]提供了具有严密理论基础的规则查询语言 Rule-QL 进行在多个规则库上的复杂查询；文献[91]提出使用一系列的规则衡量手段，如分组、过滤、浏览以及数据检查等操作处理挖掘生物信息微阵列数据时产生的海量关联规则，取得了较好的效果；文献[90]引入了新的索引机制 Group Bitmap Index，用于加快关联规则检索中对特定项目集合的检索。上述方法中对关联规则的检索使用关联规则的低层信息及其组合约束,如规则格式的条件、规则特征约束条件等,规则格式条件是指规则前项和后项需要包含哪些项目,不能包含哪些项目;规则特征约束条件是指规则的支持度、置信度以及规则长度等规则属性的约束。它们尚没有很好地提供对于规则高层信息的检索支持,因此,在分布式异地规则库环境下,对规则检索、检索集成、检索理解在语义模糊、语义异构等难点问题上存在诸多困扰,不便于计算机对于规则信息检索的自动分析处理以及进一步智能化应用。

本章针对现有关联规则检索中存在的上述问题,以零售商品关联规则为背景,提出了基于 Ontology 的关联规则智能检索新方法,利用本体(Ontology)以及语义网技术提供规则检索过程中对高层语义检索的支持,可以很好地解决规则检索结果中的语义信息计算机可理解性、语义一致性和可共享性。

6.2 相关概念简介

6.2.1 语义本体

语义本体的出现是为了解决知识共享、知识获取等知识工程瓶颈问题而从哲学范畴引入的。其基本元素是类,类中有相应个体及实例,类间基本关系为继承和实现,并使用槽来描述,槽可以分为属性及关系,侧面用于限制槽名及槽值。本体的主要作用有:使领域假设显式化、明确化,将静态领域知识和操作型知识分离,以及支持共享和信息一致性理解等。W3C Web Ontology 工作小组致力于 web 语义的表示与共享等,提出了 RDF/RDFS[141],以及在此基础上发展而来的 DAML+OIL [142],OWL[143]等。

6.2.2 语义网

学者 Tim Berners-Lee 提出了下一代 Internet 技术——语义互

联网(semantic web)[144],用于解决当前 web 知识匮乏问题,提供计算机可理解语义,以实现网上信息资源在语义层次上的互联,从而有利于信息与知识的发现、自动处理、集成和重用。它的七层层次结构从底层到高层依次为:Unicode 与 URI,XML+名字空间+XML 模式,RDF+RDF 模式,Ontology,Logic,Proof 和 Trust,其中 XML、RDF 和 Ontology 层次主要用于表示计算机可理解的 Web 信息语义,是整个语义网的核心部分。

6.2.3 关联规则及其度量

关联规则具有布尔关联规则、概化关联规则、多维关联规则、数量型关联规则等多种形式,这里我们采用概化关联规则[27]为例,进行基本语义网的规则检索阐述及相应的实验。

6.3 基于 Ontology 的智能规则检索系统体系结构

6.3.1 体系结构

为了提供用户对关联规则语义信息的检索,我们结合 Ontology 和语义网技术为智能规则检索提供支持,使用 Protégé 软件[145]建立一个原型系统 SW-ARR——基于语义网的智能关联规则检索系统来阐述相关的基本原理。SW-ARR 体系结构见图 6-1,包括四个部分:规则格式转换、规则本体知识库、规则本体建立和维护、用户智能检索和交互。

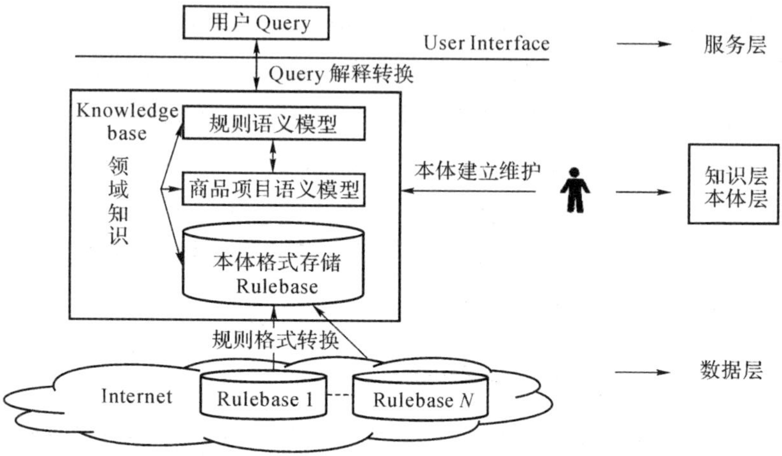

图 6-1 SW-ARR 体系结构

它们各自的特点和作用如下：

(1)规则格式转换实现从异质、分布的规则库中将不同格式存储的规则转换为以本体格式(RDF/RDFs、OWL 等)存储在知识库 Rulebase 中的规则，同时在知识库 Rulebase 中记录规则的来源。

(2)规则本体知识库是进行智能规则检索的核心部件，包含商品项目语义模型和规则语义模型，存储规则本体以及规则本体相关领域知识，从而为基于语义网的规则检索提供核心支持。

(3)规则本体建立和维护是由本体工程师对规则本体进行操作和维护，它是保证基于语义网的规则检索有效进行的基础。

(4)用户智能检索和交互提供用户智能型的检索和交互服务，完成用户聚焦感兴趣规则的过程。

6.3.2 检索方式

SW-ARR 提供了如下的规则检索方式：

1. 低层信息精确检索

实现用户对规则中低层信息的精确检索，如规则前项和后项需要包含哪些项目,不能包含哪些项目,支持度、置信度等约束及其组合的检索。

2. 本体语义检索

能对规则属性进行本体、本体子类及其属性的匹配,检索出符合条件的相关规则。

6.4 基于语义 Web 的关联规则检索核心技术

使用语义 Web 和 Ontology 建设用于规则检索的知识库。本章以超市零售商品为例,建立相关的关联规则检索本体。

6.4.1 规则检索 Ontology

建立规则检索 Ontology 的基本目的是为了实现规则检索过程中的语义一致性和机器可理解性。我们利用 Protégé 3.0[145] 作为规则检索的本体编辑器,以 OWL、RDF 本体语言创建用于规则检索的相关本体,相关本体以手工方式添加。关联规则检索本体可视为四元组 RuleRetrOnto:={SC,Rules,All_Items,CorrelativeOnto},其中,SC 表示系统类别本体,Rules 为规则本体,All_Items 为所有商品本体,CorrelativeOnto 为与规则检索相关的其他本体,关联检索本体顶层结构如图 6-2 所示。Rules、All_Items、CorrelativeOnto 本体相关属性按照领域知识添加,具体解释如下讨论。

Rules 本体包含置信度、支持度、规则前项、规则后项等属性,如图 6-3 所示:

—Confidence:规则置信度属性,规则兴趣度重要度量之一;

—Support:规则支持度属性,规则兴趣度重要度量之一;

—Left_hand_side:关联规则前项(一个或多个 All_Items 中子类的集合);

—Right_hand_side:关联规则后项(一个或多个 All_Items 中子类的集合);

—Data_source:关联规则所来源的规则库;

—Data_created:生成该关联规则的源交易数据库。

All_Items 本体按照零售商品分类信息进行架构建立子类,如图 6-4 所示;在底层的实际销售商品本体(如南瓜、西红柿)具有品牌、成本、是否打折、是否促销等相关属性,如图 6-5 所示:

—Brand:商品项目品牌(BrandOnto 实例);

—Provider:供货商(ProviderOnto 实例);

—Cost:单位数量商品的成本;

—ID:商品项目 ID;

—Name:商品项目名称;

—Price:商品项目定价;

—Expiring_date:保质时间;

—Discount_or_not:该商品项目是否为促销商品;

—Sales_promotion_or_not:该商品项目是否为促销商品,

—Ancestor_class:商品项目在 All_Items 范围内的上层概念类别。

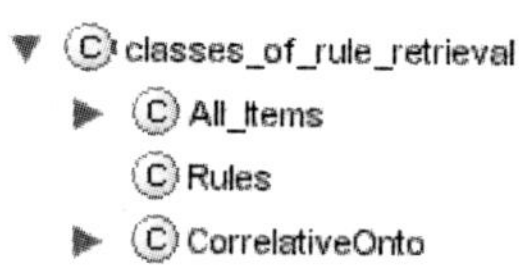

图 6-2 规则检索本体顶层结构

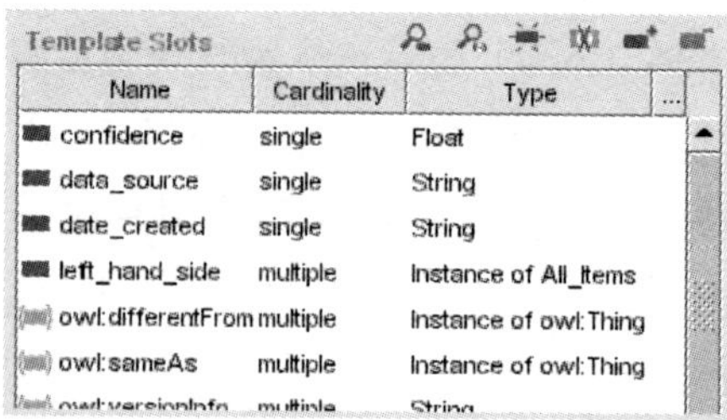

图 6-3 Rules 本体 Template Slots 示例

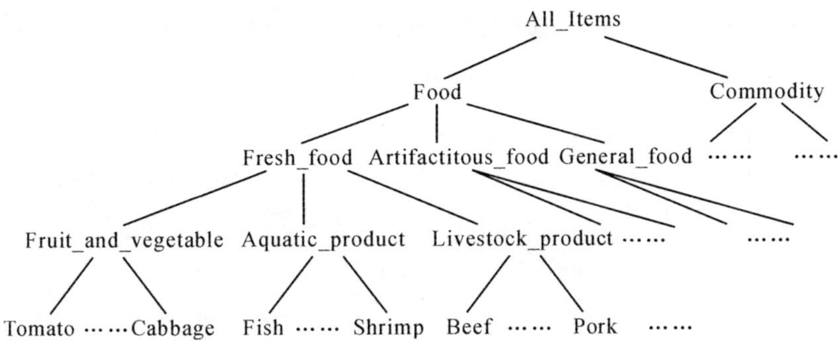

图 6-4 All_Items 本体商品分类结构示例

CorrelativeOnto 本体包含其他相关的本体，我们这里有品牌和供货商两个相关本体：

—BrandOnto：品牌本体；

—ProviderOnto：供货商本体；

—DataSourceOnto：规则所来源的规则库本体；

—DataCreateOnto：生成该关联规则的源交易数据库本体。

这些属性的选择取决于领域背景知识，以及所需要查询的精细程度。它们的添加为对这些本体进行领域相关知识的检索提供了坚实基础，而对这些规则相关知识的检索在传统关联规则低层信息检索中没有办法实现。

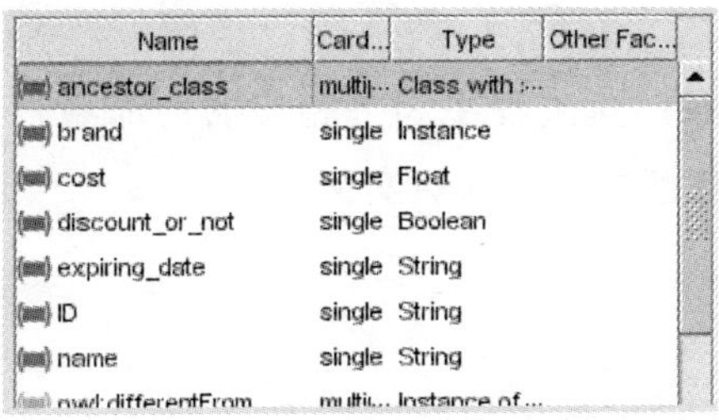

图 6-5 商品属性示例

图 6-6 相关本体结构示例

规则检索相关本体以 OWL、RDF 本体语言描述，下面给出一个描述 Livestock_product 的概念类别的 RDF 片断，它是 Fresh_food 的子类，该概念的含义为 livestock product。

```
<rdf:Description rdf:about="#Livestock_product">
<rdf:type rdf:resource="http://www.w3.org/2002/07/owl#Class"/>
<rdfs:subClassOf rdf:resource="#Fresh_food"/>
<rdfs:comment rdf:datatype="http://www.w3.org/2001/XMLSchema#string">livestock product</rdfs:comment>
</rdf:Description>
```

6.4.2 商品项目实例和 Rules 实例标注

在建立规则检索相关本体之后，需要在规则检索知识库中进一步标注商品项目实例和 Rules 实例。首先标注所有商品项目实例，需要为关联规则中出现的所有商品项目建立实例，包括如下步骤：

Step1：标注者选择一个商品项目，创建一个新的对应商品项目的空白实例；

Step2：标注者根据领域知识填充实例中的空白单元，如图 6-7 所示，创建一个 Bread 实例，在 brand 和 Provider 属性中选择相应的实例，如果现有的实例中尚没有所需要的品牌本体或供应商本体，则创建新的品牌本体或供应商本体。

规则实例可以同样建立，在创建过程中如果相应的商品项目没有所需的商品项目实例，则创建新的商品项目实例。

6.4.3 查询解析

SW-ARR 提供了本体语义检索等多种高层检索方式，从而大大扩展了规则检索的方式，这些检索方式最终都将被解析为低层的精确信息匹配。

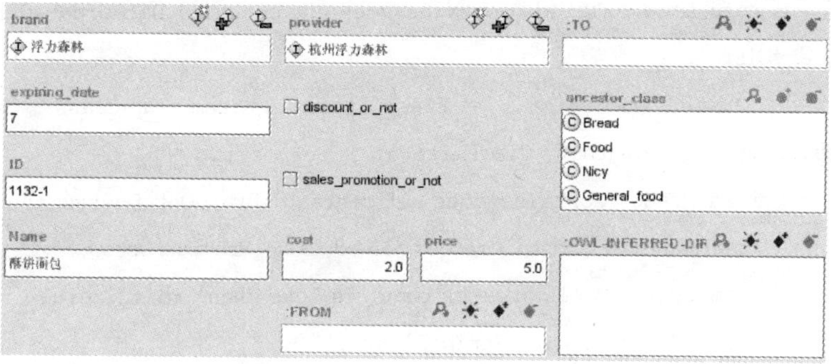

图 6-7 Bread 实例创建

1. 低层信息和本体语义检索

低层信息检索是基本的低层信息匹配方式，本体语义是对低层信息的语义扩展，对低层信息、本体、本体子类及其属性的组合匹配，实现了用户对规则中低层信息和语义信息的有效检索。我们使用文献[95]的包含/排除模板以及本章所使用的规则属性来描述这种检索语言：

RuleOntoQuery：= query rule (RuleOntoQueryList)

RuleOntoQueryList：=(RuleOntoQueryList) AND (RuleOntoQueryList)

RuleOntoQueryList：=(RuleOntoQueryList) OR (RuleOntoQueryList)

RuleOntoQueryList：= rule.Left_hand_side {contains/does not contain} ItemOntoQueryList

| rule.Right_hand_side {contains/does not contain} ItemOntoQueryList

| rule.Confidence {is /is greater than /is less than} realLiteral

| rule.Support {is /is greater than /is less than} realLiteral

| rule.Data_source {contains/does not contain} DataSourceOntoQueryList

| rule. Data_created {contains/does not contain} DataCreateOntoQueryList

ItemOntoQueryList : = ClassLiteral | item. sup-class {contains/does not contain} ClassLiteral

| item. Brand {contains/does not contain} BrandOntoQueryList

| item. Provider {contains/does not contain} ProviderOntoQueryList

| item. Cost {is /is greater than /is less than} realLiteral

| item. ID {is/is not} StringLiteral

| item. Name {is/is not} StringLiteral

| item. Price {is /is greater than /is less than} realLiteral

| item. Expiring_date {is /is greater than /is less than} realLiteral

| item. Discount_or_not {is/is not} true/false

| item. Sales_promotion_or_not {is/is not} true/false

BrandOntoQueryList : = ClassLiteral | brand. BrandName {is/is not} StringLiteral

ProviderOntoQueryList : = ClassLiteral | provider. Name {is/is not} StringLiteral

DataSourceOntoQueryList : = ClassLiteral | dataSource. Name {is/is not} StringLiteral

DataCreateOntoQueryList : = ClassLiteral | dataCreate. Name {is/is not} StringLiteral

我们这里给出两个查询实例,来描述查询语言的使用:

Example 1. 查询规则前项包含 Fresh_food 中子类商品概念的关联规则。

Query rule (rule. Left_hand_side contains (item. sup-class contains Fresh_food))

Example 2. 查询规则置信度大于 0.1 且规则后项包含商品概念的品牌为“浮力森林”。

Query rule ((rule.Confidence is greater than 0.1)AND (rule.Right_hand_side contains (item.Brand contains 浮力森林)))

2. 模糊语义检索

模糊语义检索对低层信息和本体语义进行模糊扩展，使用模糊扩展后的检索语言检索本体规则库中的规则。其核心思想在于使用领域知识，通过模糊语义明确化规则，从而将包含模糊语义的检索语言，变换为可以在低层信息和本体语义上进行检索的检索语言。

Example 3. 检索具有高置信度的关联规则。

领域知识中有如下模糊语义明确化规则"高置信度的关联规则，其置信度一般需要大于等于 0.1"，从而将上述检索要求转换为：

Query rule (rule.Confidence is greater than 0.1)OR (rule.Confidence is 0.1)

3. 语义网规则浏览

展示商品概念间的语义网，当用户选择在语义网某商品类别 CLASS 时，显示所有与该商品类别本体相关的关联规则，其相应的检索语义为"检索在规则前项或后项包含指定 CLASS 中子类商品概念的规则"。转换为检索语义为：

Query rule (rule.Left_hand_side contains (item.sup-class contains CLASS))OR (rule.Right_hand_side contains (item.sup-class contains CLASS))

同时，系统提供在语义网概念上的上卷、下钻和平级扩展方式的浏览，实现在语义概念上不同方向的扩展检索。

6.5 本章小结

为了解决现有关联规则检索方法中存在的不能检索高层语义问题，本章讨论了使用本体和语义网的关联规则检索新方法，该方法可以有效解决关联规则检索中的语义共享、语义一致性和计算机可理解性。本章提出了基于语义网的智能关联规则检索系统 SW-ARR 的体系结构、检索方式，探讨了 SW-ARR 中的若干关键核心技术，包括规则检索本体的建立、实例生成、实例标注、规则查询解析。给出了 SW-ARR 系统应用实例，表明该方法可以有效应用于关联规则的高层语义查询。本体所提出的方法为进一步利用规则信息进行自动分析和智能推理提供了技术支持。

第 7 章 >>>

关联规则技术进展及趋势展望

7.1 最新技术进展

关联规则技术作为数据挖掘的经典成分，经过十余年的发展，已经取得了飞跃性的进展和成果。与此同时，该领域也不断涌现出一些最新的研究成果，呈现出一些新颖，而又富有探索性、挑战性的开放性问题，引领着我们做进一步的深入思考和探索。

7.1.1 关联规则隐藏(Association rules hiding)

为了应对关联规则挖掘所可能引起的个人隐私和商业机密泄露问题，因此，在隐私保护数据挖掘(privacy preserving data mining, PPDM)方向出现了关联规则隐藏问题[148-149]。PPDM 包含数据隐藏(data hiding)和知识隐藏(knowledge hiding)，其中前者关注于数据自身敏感内容的保护，而后者侧重于分析挖掘得到的结果是否包含敏感知识，也就是所谓的关联规则隐藏。关联规则隐藏的目标是，通过数据清洁(Sanitization)，尽量少地改动原始数据集(Least possible distortion)，同时使得关联规则挖掘结果：①不含任何隐私性和机密性规则或模式；②精准(既不多也不少)保留非敏感性规则或模式。解决的方法有三种类型：①启发式方法(Heuristic methodology)，对于前述若干个目标或约束，往往启发式地有优先次序地近似地去满足这些要求，寻求近似(Approximate)的但可行的解决方案；②基于边界(Border-based)的方法[150-151,154],控制生成频繁或兴趣项集的格子(Lattice)的边界,最小程度地进行数据修改,隐藏敏感规则;③精准式(exact hiding)方法[155-158],往往将关联规则隐藏视为一个精准的约束满足优化问题,因此可以有效保证敏感信息的隐藏。对于数据的修改策略则可以分成两类:扰乱(distortion)[149,152]和封塞(blocking)[153],其中扰乱是将敏感数据进行修改,如用"0"替换"1"或者相反;而封塞则用未知符号来代替敏感值。

在该问题上,海量数据背景下,复杂的能进一步降低计算复杂度和减少开销的精准式关联规则隐藏等方面仍有待深入探索。

7.1.2 比对模式(Contrast Patterns/Emerging Patterns)

对比显示差异,描述变化,揭示规律,从而体现价值,且易于理解、易于行动。比对模式挖掘属于比对数据挖掘(contrast data mining)的分支,2011 年国际数据挖掘大会(ICDM 2011)的 Workshop 之一即为比对数据挖掘与应用(International Workshop on Contrast Data Mining and Applications),其含义是在多类或多个不同条件比对下的模式或模型挖掘[160]。具体比对可以是:不同的时间、空间、对象比对,同类比对,排序(Ranking)等及其组合[160]。由于比对是一种人类常见的活动,因此,关联规则中很多研究主题与此相关,如 Emerging Patterns[161-162,165]、Diverging Patterns[163]、discriminative Pattern Mining[164,175]、Contrast Sets[166,173]、Mining Changes[167]、discriminative Pattern[168-170]、Similarity Analysis[171-172]、Difference Analysis[174,177]、Contrast Behavior[176]、Class-bridge Rule[178]、Concept Drift[179]、top K patterns[180]、Rare Itemset[199]等。

不同的比对模式或规则分别适合于不同类型的对象(关系型数据库、图数据库、流数据、时空数据、各种复杂数据)以及不同的目的和要求(构建分类器、预测、检测和告警、模式发现、领域理解、回归等)，对比的方式又多种多样。因此，如何设计和实现更为先进、灵活多样、高效可靠，适合不同需要的对比模式或规则仍然是一个开放性的、值得探索的研究方向。

7.1.3 图模式(Graph Patterns)

图结构是广泛存在的数据结构形式，如社交网络(Twitter、Facebook 等)、微博、电子商务和电子服务中的信任网络、化学和生物分子结构、引文(Citation)网络图、网络超链接图、计算机网络图等。图挖掘的挑战性[181]在于：①图结构中结点和边承载内容的多样性和复杂性，如社交网络结点包含了个人日志、图片、音乐、视频等众多内容，而边包含了结点间诸如引用、评论、分享等复杂的互动；②部分图中结点的同名性，如分子结构等；③海量图带来的挑战，如整图难以整体读入内存或存储在硬盘中，而只能以数据流的方式获取等；④图的动态性和演进性，图可能会随着时间发生演进。

对于图模式挖掘而言，可以分成两类情况[181]：一类是有一组图，挖掘支持其中若干个图以上的子图模式；第二类是有一个大图，挖掘在该图中出现一定次数以上的子图模式。其支持度需要考虑是否允许子图有重叠，其关系到经典频繁模式发现中的反单调性质是否成立。在不允许子图重叠的情况下，比较典型的工作有：AGM 算法[184]、Jun Huan 等[185]提出的挖掘最大频繁子图的算法、Gspan 算法[186]、C. Borgelt[187]等提出的在分子结构中寻找相关子图的算法等。在允许重叠的情况下，比较典型的有：M. Kuramochi 等[188]提出的 HSIGRAM 算法和 VSIGRAM 算法；B. Bringmann[189]等提出了一种基于最小图的支持度(Minimum image based support)，具有更好的性能，且更接近于直觉感受。

与频繁模式的各种扩展相似的是，在标准图模式基础上，同样提出了各种扩展的图模式挖掘问题，如闭频繁图模式(closed frequent graph patterns)[182]、重要图模式(significant graph patterns)[183]、最大子图模式[185]、动态图中基于约束的子图模式发现[190]、全连接子图模式(clique)挖掘[191]、连接密度超过一定阈值的近似全连接子图模式(pseudo-clique)[192]挖掘、跨图类似全连接频繁子图模式(frequent cross-graph quasi-clique)[193]挖掘、图时间序列(time series of graphs)中频繁动态子图模式(frequent dynamic subgraph patterns)[194]发现、动态社会网络中的周期性或近似周期性子图模式[195]发现、超图(frequent hypergraph)模式[197]挖掘、代表性子图模式(representative graph patterns)[196]、不确定图(uncertain graph)[198]频繁模式挖掘等。

可以预计,在社交网络、微博等新型图模式应用不断丰富和涌现背景下,以及图挖掘理论研究的深入,将会继续催生一些崭新的有趣的图模式挖掘任务和更为先进的挖掘方法,从而推动领域研究的进一步深入。

7.1.4 可行动关联规则(Actionable Association Rule)、领域驱动关联规则

领域驱动数据挖掘(Domain-driven Data Mining,D^3M)旨在解决传统数据挖掘技术在应用过程中所提交结果可操作性不强的弱点,有针对性地提出了挖掘可行动知识(actionable knowledge)的目标,即所提交结果可以直接用于商业决策或商业行为,需要为用户所感兴趣[201]。D^3M 要架构的是跨越学术研究和商业应用两者之间的桥梁。Longbing Cao 教授等根据对资本市场进行数据挖掘的实际经验和教训,提出领域驱动深度模式[202]挖掘,认为受数据约束(data constraints)、领域约束(domain constraints)、兴趣度约束(interestingness constraints)、规则约束(rule constraints)等方面的制约,挖掘过程需要借助领域知识,甚至是领域专家参与,其过程更像是一个领域驱动的人机交互过程。这种领域知识或者智能包含了:深度的

数据智能、领域知识、组织和社会智能、人类智能、网络智能等[201]。这种系统可以看做是可行为知识传送(Actionable Knowledge Delivery, AKD)为基础的问题解决系统[201]。上述观点从方法论意义上，指明了未来关联规则挖掘、模式发现的发展方向，具有很强的指导意义。

7.1.5　关联规则、模式应用研究

在理论突破基础上，更要与各个领域的实际应用和实际需求相结合，形成关联规则和模式应用的经典案例。在 ICDM 2010 大会上，就专门评选出了 Top 10 数据挖掘案例研究。其中部分经典案例采用了关联规则、模式的方法，如 Zhiling Lan 等通过系统日志预测超级计算机在线错误[204]；Longbing Cao 等社会安全数据的挖掘[203]包含了若干个子应用，子应用 1 通过关联规则和决策树发现债务人的人口统计信息[208]，子应用 2 使用影响性为目标(impact-target)的序列模式挖掘[207]来发现债务出现的活动序列，子应用 3 使用组合关联规则(combined association rules)[205-206]来发现快/慢类型付款人的行为模式。此外，比较典型的有：如在口碑营销方面，Jia Rong 等[200]使用目标导向的关联规则(targeted association rules)对游客在网上分享自己和浏览他人旅游体验的行为进行了分析。

与领域专家知识和领域最新学术研究成果相结合，指导领域现实应用和专家知识发现的实际优秀案例将会促使关联规则和模式向深度领域驱动方向演进，其结果将有更强的实际可用性。

7.2　值得关注的方向

面向物联网(Internet of Things)、计算机—物理一体化(Cyber Physical Systems)的新型模式和关联规则挖掘物联网，即“物物互联的网络”被称为是继计算机、互联网之后的世界信息产业革命的第三

次浪潮。而CPS系统则在物联网基础上，进一步强调计算机空间(Cyberspace)和现实物理空间之间的融合和交互，具备感知、计算、通信、精准控制、自治、远程协同等能力，是计算过程和物理过程的集成。

未来的物联网、信息—物理一体化系统将从根本上深刻地影响和改变人们的生产、生活方式。它将产生很多新颖的应用：智慧超市、产品全生命周期跟踪、生产实时监控和管理、供应链管理、应急联动、智慧医疗、车联网等各个领域，并呈现出实时感知、泛在聚合、深度协同、动态控制、智能信息处理等特征[209]。这些新应用和新特征，将对关联规则和新型模式挖掘提出新的要求和挑战。有几个问题值得深入探索和思考：

(1)各种新的物联网应用情景对数据挖掘有什么新需求、新约束，又提供了什么样的新的知识发现的可能性；

(2)如何应对实时感知数据的海量性、分布性、并发性、不确定性；

(3)各种感知工具所捕获的跨媒体异构数据存在一定的内在联系和依赖关系，因此，如何实现面向泛在聚合的跨媒体的挖掘；

(4)如何将新型物联网应用中的各种类型的显性的、隐性的领域知识整合到挖掘过程，实现领域驱动的可行动知识发现；

(5)如何满足深度协同和动态控制对动态、并发、协同、循环反馈挖掘，以及挖掘结果可信、实时、可操作、反馈后调整等要求；

(6)如何实现计算机—物理一体化环境下数据挖掘隐私保护；

(7)如何实现挖掘得到知识的自动推送、自动学习、自进化；

(8)如何实现人机物一体深度融合式挖掘，数据挖掘与物理过程相融合；

(9)如何整合云计算平台于物联网挖掘和CPS挖掘；

(10)如何实现挖掘过程的自治。

附录 >>>

关联规则研究资料汇总

为了帮助读者对关联规则技术的学习和研究，我们对相关资料进行了总结和整理：

(1)杂志和期刊

IEEE Transactions on Knowledge and Data Engineering (TKDE)

数据挖掘旗舰期刊；

IEEE Transactions on Pattern Analysis and Machine Intelligence (TPAMI)

模式识别和机器学习旗舰期刊；

ACM Transactions on Database Systems (TODS)

数据库旗舰期刊；

Knowledge and Information Systems: An International Journal (KAIS)

数据挖掘优秀期刊；

Data Mining and Knowledge Discovery: An International Journal (DMKD)

数据挖掘优秀期刊；

World Wide Web

万维网优秀期刊；

IEEE Transactions on Systems, Man and Cybernetics, Part A, B, C

系统、人和控制优秀期刊；

ACM Transactions on Knowledge Discovery from Data (TKDD)

数据挖掘优秀期刊；

International Journal of Data Mining and Bioinformatics

生物信息学和数据挖掘优秀期刊；

IEEE Intelligent Systems

智能系统优秀期刊；

SIGKDD Explorations

数据挖掘优秀期刊；

IEEE Transactions on Fuzzy Systems

模糊系统优秀会议。

(2)会议

ACM SIGMOD International Conference on Management of Data (SIGMOD)

数据库旗舰会议；

International Conference on Very Large Data Bases (VLDB)

数据库旗舰会议；

International Conference on Data Engineering (ICDE)

数据工程旗舰会议；

ACM SIGKDD International Conference on Knowledge Discovery and Data Mining (KDD)

数据挖掘旗舰会议；

AAAI Conference on Artificial Intelligence (AAAI)

人工智能旗舰会议；

Internationa Joint Conference on Artificial Intelligence (IJCAI)

人工智能旗舰会议；

IEEE International Conference on Data Mining (ICDM)

数据挖掘旗舰会议；

International Conference on Machine Learning (ICML)

机器学习旗舰会议；

ACM Conference on Information and Knowledge Management (CIKM)

知识和信息管理优秀会议；

European Conference on Principles of Data Mining and Knowledge Discovery (PKDD)

欧洲地区数据挖掘优秀会议；

International Conference on Database Systems for Advanced Applications (DASFAA)

数据库优秀会议；

Pacific-Asia Conference on Advances in Knowledge Discovery and Data Mining (PAKDD)

亚太地区数据挖掘优秀会议；

Asia-Pacific Web Conference on Web Technologies and Applications (APWeb)

亚太地区网络技术和应用优秀会议；

European Conference on Machine Learning (ECML)

欧洲机器学习优秀会议；

SIAM International Conference on Data Mining (SDM)

数据挖掘优秀会议。

参考文献 >>>

1. R. Agrawal, T. Imielinski, A. Swami. Mining association rules between sets of items in large databases. In SIGMOD'93, Washington, D. C. , 1993:207-216.
2. Gaurav Pandey, Michael Steinbach, Rohit Gupta, Tushar Garg, Vipin Kumar. Association Analysis-based Transformations for Protein Interaction Networks: A Function Prediction Case Study. In SIGKDD'07, San Jose, California, 2007.
3. R. Agrawal R. Srikant. Fast algorithms for mining association rules. In Proc. of the 20th Int. Conf. on Very Large Databases (VLDB'94), Santiago, Chile, 1994:487-499.
4. Park J. S. , Chen M. S. , Yu P. S. An effective hash-based algorithm for mining association rules. In Proc. 1995 ACM SIGMOD Int. Conf. Management of Data, 1995:175-186.
5. Sarasere A. , Omiecinsky E. , Navathe S. An efficient algorithm for mining association rules in large databases. In 21st Int. Conf. on Very Large Databases (VLDB), Zurich, Switzerland, 1995: 105-112.
6. Toivonen H. Sampling large databases for association rules. In Proc. 1996 Int. Conf. Very Large Databases (VLDB'96), Bombay, India, 1996:134-145.
7. Brin S. , et al. Dynamic Itemset Counting and Implication Rules for

Market Basket Analysis. In SIGMOD'97,1997:255-264.

8. Agarwal R., Aggarwal C., Prasad V. V. V. A tree projection algorithm for generation of frequent itemsets. Journal of Parallel and Distributed Computing (Special Issue on High Performance Data Mining), 61(3),2001:350-371.
9. Han J., Pei J., Yin Y. Mining frequent patterns without candidate generation. In SIGMOD'2000, Dallas, TX,2000:1-12.
10. J. Liu, Y. Pan, K. Wang, J. Han. Mining frequent item sets by Opportunistic projection. In Proceedings of ACM SIGKDD, Edmonton, Alberta, Canada, 2002.
11. Y. G. Sucahyo, R. Gopalan. CT-PRO: A Bottom-Up Non Recursive Frequent Itemset Mining Algorithm Using Compressed FP-Tree Data Structure, In Proceedings of the IEEE ICDM Workshop on Frequent Itemset Mining Implementations, Brighton, UK, 2004.
12. Nicolas Pasquier, Yves Bastide, Rafik Taouil, et al. Discovering Frequent Closed Itemsets for Association Rules. In Proc. of the 7th Int. Conf. on Database Theory (ICDT'99),398-416, 1999.
13. Bastide Y., Taouil R., Pasquier N., et al. Mining frequent patterns with counting inference. SIGKDD Explorations,2000,2(2):66-75.
14. Cristofor D., Cristofor L., Simovici D. Galois connection and data mining. Journal of Universal Computer Science, 2000,6(1):60-73.
15. Pei J., Han J., Mao R. CLOSET: An efficient algorithm for mining frequent closed itemsets. In ACM-SIGMOD Workshop on Data Mining and Knowledge Discovery (DMKD'00),2000:11-20.

16. Zaki M. J., Hsiao C-J. CHARM: An Efficient Algorithm for Closed Itemset Mining. In 2nd SIAM Int. Conf. on Data Mining,2002:12-28.

17. Wang J., Han J., Pei J. CLOSET+: Searching for the best strategies for mining frequent closed itemsets. In Proc. 2003 ACM SIGKDD Int. Conf. on Knowledge Discovery and Data Mining (KDD'03),2003:236-245.

18. Dao-I Lin, Zvi M. Kedem. Pincer-Search: A New Algorithm for Discovering the Maximum Frequent Set. In 6th Intl. Conf. Extending DatabaseTechnology,1998:105-119.

19. Burdick D., Calimlim M., Gehrke J. MAFIA: a maximal frequent itemset algorithm for transactional databases. In Int. Conf. on Data Engineering,2001:443-452.

20. R. J. Bayardo. Efficiently mining long patterns from databases. In Proc. of the ACM SIGMOD Int. Conf. on Management of Data,1998:85-93.

21. R. C. Agarwal, C. C. Aggarwal, V. V. V. Prasad. Depth first generation of long patterns. In Proc. of the ACM SIGKDD Conf.,2000:108-118.

22. G. Karam, J. Z. Mohammed. Efficiently mining maximal frequent itemsets. In Proc. of the ICDM Conf.,2001:163-170.

23. R. J. Miller, Y. Yang. Association rules over interval data. In SIGMOD'97,1997:452-461.

24. Gyenesei A. A Fuzzy Approach for Mining Quantitative Association Rules. Turku Centre for Computer Science, Technical Report No. 336. 2000.

25. Yuefeng Li, Wangzhong Yang, et al. Multi-Tier granule mining

for representations of multidimensional association rules. In Porc. Of the 6th IEEE International Conference on Data Mining (ICDM'06),2006:953-958.

26. WanXin Xu, RuJing Wang. A novel algorithm of mining multidimensional association rules. In ICIC 2006, LNCIS 344, 2006:771-777.
27. R. Srikant, R. Agrawal. Mining generalized association rules. In Proc. of the 21st VLDB Conf., Zurich, Switzerland, 1995: 407-419.
28. J. Han, Y. Fu. Discovery of multiple-level association rules from large databases. IEEE Transactions on Knowledge and Data Engineering, 1999, 11(5): 420-431.
29. C. H. Cai, Ada W. C. Fu, C. H. Cheng and W. W. Kwong. Mining association rules with weighted items. In IEEE Int. Database Engineering and Applications Symposium, 1998: 68-77.
30. Shu J., Tsang E., Yeung D. S., Shi D. Mining fuzzy association rules with weighted items. In Proc. of IEEE Int. Conf. on System, Man and Cybernetics, 2000: 1906-1911.
31. Wei Wang, Jiong Yang, Philip Yu. WAR: weighted association rules for item intensities. Knowledge and Information Systems, 2004(6): 203-229.
32. Feng Tao, Fionn Murtagh, Mohsen Farid. Weighted association rule mining using weighted support and significance framework. In Proc. Of the ninth ACM SIGKDD Int'l Conf. on Knowledge Discovery and Data Mining, 2003: 661-666.
33. Guoqing Chen, Qiang Wei. Fuzzy association rules and the extended mining algorithms. Information Sciences, 2002, 147: 201-228.

34. Peng Yan, Guoqing Chen, Chris Cornelis, Martine De Cock, Etienne Kerre. Mining positive and negative fuzzy association rules. Lecture Notes in Computer Science 3213, Springer-Verlag, 2004:270-276.

35. Mehmet Kaya, Reda Alhajj. Utilizing genetic algorithms to optimize embership functions for fuzzy weighted association rules mining. Applied Intelligence 24,2006:7-15.

36. Mehmet Kaya. Multi-objective genetic algorithm based approaches for mining optimized fuzzy association rules. Soft Comput, 2006 (10):578-586.

37. Zahra Farzanyar, et al. Effect of similar behaving attributes in mining of fuzzy association rules in the large databases. ICCSA 2006, LNCS 3980,2006:1100-1109.

38. R. Srikant, Q. Vu, and R. Agrawal. Mining association rules with item constraints. In Proc. of the 3rd Int. Conf. in Knowledge Discovery in Databases and Data Mining (KDD'97),1997:67-73.

39. 崔立新，苑森淼，赵春喜. 约束性相联规则发现方法及算法. 计算机学报,2000,23(2):216-220.

40. Arnaud Soulet, Jiri Klema, et al. Efficient mining under rich constraints derived from various datasets. In KDID 2006, LNCS 4747,2007:223-239.

41. M. Campos, J Palma, R Marin. Temporal data mining with temporal constraints. In AIME 2007, LNAI 4594,2007:67-76.

42. Artur Bykowski, Thomas Daurel, et al. Integrity constraints over association rules. Database Support for Data Mining Applications, LNAI 2682,2004:306-323.

43. Suzuki E, Kodratoff Y. Discovery of surprising exception rules

based on intensity of implication. In Principles of Data Mining and Knowledge Discovery, PKDD'98, Berlin: Springer, 1998: 10-18.

44. Olena Daly, David Taniar. Exception rules mining based on negative association rules. In ICCSA, 2004(4): 543-552 .

45. Huidong Jin, Jie Chen, et al. Mining unexpected associations for signaling potential adverse drug reactions from administrative health databases. PAKDD 2006, LNAI 3918, 2006: 867-876.

46. Shi Wang, Wen Gao, Jintao Li. Discovering sequence association rules with user access transaction grammars. In Proc. of 11th Int. Workshop on Database and Expert Systems Applications, 2000: 757-761.

47. Min Qin, Kai Hwang. Frequent episode rules for Internet anomaly detection. In Third IEEE Int. Symp. on Network Computing and Applications, 2004: 161-168.

48. N. Meger and C. Rigotti. Constraint-Based Mining of Episode Rules and Optimal Window Sizes. In Proc. of the 8th European Conf. on Principles and Practice of Knowledge Discovery in Databases (PKDD'04), 2004: 313-324.

49. N. Meger, C. Leschi, N. Lucas, et al. Mining episode rules in STULONG dataset. In Proc. of the ECML/PKDD2004 Discovery Challenge, September, 2004.

50. Sridhar Ramaswamy, Sameer Mahajan, Abraham Silberschatz. On the Discovery of Interesting Patterns in Association Rules. In Proc. of the 24th Int. Conf. on Very Large Data Bases (VLDB), 1998: 368-379.

51. Edi Winarko, John F. Roddick. Discovery richer temporal

association rules from interval-based data. DaWak 2005, LNCS 3589,2005:315-325.

52. Ling Chen, Sourav S, et al. Mining temporal indirect associations. In Proc. of 10th Pacific-Asica Conference on Advances in Knowledge Discovery and Data Mining (PAKDD'06), LNCS 3918:425-434.

53. Keshri Verma, O P Vyas, et al. Temporal approach to association rule mining using T-Tree and P-Tree. MLDM 2005, LNAI 3587, 2005:651-659.

54. A. Appice, M. Ceci, A. Lanza, F. A Lisi, et al. Discovery of spatial association rules in georeferenced census data: a relational mining approach, intelligent data analysis. Intelligent Data Analysis, 2003,7(6):541-566 .

55. Robert Bembenik, Henryk Rybinski. Mining spatial association rules with no distance parameter. Advances in Soft Computing, 2006(5):499-508.

56. Annalisa Appice, Paolo Buono. Analyzing multi-level spatial association rules through a graph-based visualization. IEA/AIE 2005, LNAI 3533,2005:448-458.

57. A. Savasere, E. Omiecinski, and S. Navathe. Mining for strong negative association in a large database of customer transactions. In Proc. of Int. Conf. on Data Engineering,1998:497-502.

58. Wu Xingdong, Zhang Chengqi, Zhang Shichao. Mining both positive and negative association rules. In Proc. of the 19th International Conference on Machine Learning (ICML'02). The University of New South Wales, Sydney, Austrilia, 2002: 658-665.

59. Xiangjun Dong, Zhendong Niu, et al. Mining both positive and

negative association rules from frequent and infrequent itemsets. In Proc. of 3rd International Conference on Advanced Data Mining and Applications (ADMA′07) LNCS 4632, 2007: 122-133.

60. Xiangjun Dong, Fengrong Sun, et al. Study of positive and negative association rules based on multi-confidence and chi-squared test. In Proc. of Second International Conference on Advanced Data Mining and Applications (ADMA′06) LNCS 4093, 2006: 100-109.

61. B. Liu, W. Hsu, Y. Ma. Integrating classification and association rule mining. In Proc. of the KDD 1998, New York, NY. 1998: 80-86.

62. P. Tsai, C. Lee, A. Chen. An efficient approach for incremental association rule mining. In Proc. of the 3rd Pacific-Asia Conference on Methodologies for Knowledge Discovery and Data Mining. London, UK, 1999: 74-83.

63. F. Thabtah. Rule preference effect in associative classification mining. Journal of Information and Knowledge Management, 2006, 5(1): 1-7.

64. H. Hu, J. Li. Using association rules to make rule-based classifiers robust. In Proc. of the 6th Australasian Database Conference, Newcastle, Australia. 2005: 47-54.

65. F. Thabtah, P. Cowling, Y. Peng. MMAC: A new multi-class, multi-label associative classification approach. In Proc. of the 4th IEE International Conference on Data Mining (ICDM′04), Brighton, UK, 2004: 217-224.

66. E. Omiecinski. Alternative interesting measures for mining

associations. IEEE Trans. Knowledge and Data Engineering, 2003(15):57-69.

67. Pang-Ning Tan, Vipin Kumar, Jaideep Srivastava. Selecting the right interestingness measure for association patterns. In SIGKDD′02,2002:32-41.

68. Sergey Brin, Rajeev Motwani, Craig Silverstein. Beyond market baskets: generalizing association rules to correlations. Proceedings ACM SIGMOD International Conference on Management of Data,1997:256-276.

69. Zhongmei Zhou, Zhaohui Wu, et al. Mining both associated and correlated patterns. International Conference on Computational Science, 2006(4):468-475.

70. Zhongmei Zhou, Zhaohui Wu, et al. Efficiently Mining Mutually and Positively Correlated Patterns. In ADMA,2006:118-125.

71. Zhongmei Zhou, Zhaohui Wu, Chunshan Wang, Yi Feng. Efficiently mining both association and correlation rules. In FSKD,2006:369-372.

72. 贺志,黄厚宽,田盛丰. 一种优化相关规则的发现方法. 计算机学报,2006,29(6):906-913.

73. C. C. Aggarwal, P. S. Yu. Mining associations with the collective strength approach. IEEE Transaction on Knowledge and Data Engineering,2001,13(6):863-873.

74. Grzegorz Protaziuk, Henryk Rybinski. Discovery association rules in incomplete transactional databases. Transactions on Rought Set VI, LNCS 4374,2007:308-328.

75. B. Liu, W. Hsu, and Y Ma. Mining association rules with multiple minimum supports. In Proc. 1999 Int. Conf. Knowledge Discovery

and Data Mining (KDD'99), San Diego, CA,1999:337-341.

76. M. J. Zaki. Parallel and distributed association mining: A survey. IEEE Concurrency,1999,7(4):14-25.

77. Zbigniew W. Ras, Alicja Wieczorkowska. Action-Rules: how to increase profit of a company. PKDD 2000, LNAI 1910,2000: 587-592.

78. Angelina Tzacheva, Zbigniew W. Ras. Constraint based action rule discovery with single classification rules. RSFDGrC 2007, LNAI 4482,2007:322-329.

79. Chun-Kit Chui, Ben Kao, Edward Hung. Mining frequent itemsets from uncertain data. PAKDD 2007, LNAI 4426,2007:47-58.

80. Yun Sing Koh, Nathan Rountree, Richard O'Keefe. Mining interesting imperfectly sporadic rules. In Proc. of 10th Pacific-Asica Conference on Advances in Knowledge Discovery and Data Mining (PAKDD'06), LNCS 3918,2006:473-482.

81. Y. Li, N. Zhong. Rough Association Rule Mining in Text Documents for Acquiring Web User Information Needs, In IEEE/WIC/ACM International Conference on Web Intelligence (WI 2006), Hong Kong,2006:226-232.

82. Y. Li, N. Zhong. Mining Rough Association from Text Documents. In Proc of 5th International Conference on Rough Sets and Current Trends in Computing (RSCTC 2006), Kobe, Japan,2006:368-377.

83. Laure Berti-Equille. Data quality awareness: a case study for cost optimal association rule mining. Knowl. Inf. Syst. 2007, 11(2):191-215.

84. Laure Berti-Equille. Quality-aware association rule mining. In

PAKDD,2006:440-449.

85. James Cheng, Yiping Ke, Wilfred Ng. Maintaining Frequent Itemsets over High-Speed Data Streams. In PAKDD, 2006: 462-467.

86. H. Toivonen, M. Klemettinen, P. Ronkainen, et al. Pruning and grouping discovered association rules. In The ECML-95 Workshop on Statistics, Machine Learning, and Knowledge Discovery in Databases, Heraklion,1995:47-52.

87. Liu B., Hsu W., Ma Y. Pruning and summarizing the discovered associations. In Proc. 1999 ACM-SIGKDD Int. Conf. Knowledge Discovery and Data Mining. San Diego, CA, USA, 1999:125-134.

88. Aijun An, Shakil Khan, Xiangji Huang. Objective and subjective algorithms for grouping association rules. In Third IEEE Int. Conf. on Data Mining,2003:477-480.

89. B. Lent, A. N. Swami, J. Widom. Clustering association rules. In Proc. of the 13th Int. Conf. on Data Engineering,1997:220-231.

90. Tadeusz Morzy, Maciej Zakrzewicz. Group bitmap index: a structure for association rules retrieval. In Proc. ACM SIGKDD′98,1998:284-288.

91. Alexander Tuzhilin, Gediminas Adomavicius. Handling very large numbers of association rules in the analysis of microarray data. In Proc. of the eighth ACM SIGKDD Int. Conf. on Knowledge Discovery and Data Mining,2002:396-404.

92. Einoshin Suzuki, Hiroki Ishihara1. Visualizing Discovered Rule Sets with Visual Graphs Based on Compressed Entropy Density. In RSFDGrC′ 99, Springer-Verlag Berlin Heidelberg, 1999:

414-423.

93. B. Goethals, J. Van den Bussche. On supporting interactive association rule mining. In Proc. of the Second Int. Conf. on Data Warehousing and Knowledge Discovery, 2000:307-316.

94. Jochen Hipp, Christoph Mangold, et al. Efficient Rule Retrieval and Postponed Restrict Operations for Association Rule Mining. In Proc. of the 6th Pacific-Asia Conf. on Advances in Knowledge Discovery and Data Mining, 2002:52-65.

95. Mika Klemettinen, Heikki Mannila, Pirjo Ronkainen, et al. Finding Interesting Rules from Large Sets of Discovered Association Rules. In Third Int. Conf. on Information and Knowledge Management (CIKM'94), 1994:401-407.

96. Xiaoyong Du, Sachiko Suzuki, Naohiro Ishii. A distance-based clustering and selection of association rules on numberic attributes. In Proc. of the 7th Int. Workshop on New Directions in Rough Sets, Data Mining, and Granular-Soft Computing. 1999: 423-432.

97. 阮备军，朱扬勇. 基于商品分类信息的关联规则聚类. 计算机研究与发展，2004，41(2).

98. G. K. Gupta, A. Strehl, J. Ghosh. Distance based clustering of association rules. In Proc. of ANNIE, St. Louis, Missouri: ASME press, 1999:759-764.

99. Cheung D W et al. Maintenance of discovered association rules in large databases: An incremental updating technique. In Proc. of the 12th Int. Conf. on Data Engineering, 1996:106-114.

100. D W Cheung, S D Lee, B Kao. A general incremental technique for maintaining discovered association rules. Database Systems for

Advanced Applications,1997:185-194.

101. 冯玉才,冯剑琳. 关联规则的增量式更新算法. 软件学报,1998,9(4):301-306.

102. 朱玉全,孙志挥. 快速更新频繁项集. 计算机研究与发展,2003,40(1):94-99.

103. 朱玉全,孙志挥,季小俊. 基于频繁模式树的关联规则增量式更新算法. 计算机学报,2003,26(1):91-96.

104. 杨明,孙志挥. 一种基于前缀广义表的关联规则增量式更新算法. 计算机学报,2003,26(10):1318-1325.

105. 寇育敬,王春花,黄厚宽. 约束关联规则的增量式维护算法. 计算机研究与发展,2001,38(8):947-951.

106. S. D. Lee, David W. Cheung. Maintenance of Discovered Association Rules: When to Update? In Workshop on Research Issues on Data Mining and Knowledge Discovery, Tucson, Arizona, 1997.

107. Ming-Cheng Tseng, Wen-Yang Lin, Rong Jeng. Maintenance of generalized association rules under transaction update and taxonomy evolution. In DaWak 2005, LNCS 2589, 2005: 336-345.

108. Hui Xiong, Pang-Ning Tan, Vipin Kumar. Hyperclique pattern discovery. Data Mining and Knowledge Discovery. 2006,13(2):219-242.

109. Jinfeng Liu, Gang Rong: Mining Dynamic Association Rules in Databases. In Proc. of International Conf. on Computational Intelligence and Security (CIS'05),2005:688-695.

110. 荣冈,刘进锋,顾海杰. 数据库中动态关联规则的挖掘. 控制理论与应用, 2007,24(1).

111. Wenxue Huang, Milorad Krneta, Limin Lin, Jianhong Wu.

Association bundle-a new pattern for association analysis. In Sixth IEEE International Conference on Data Mining-Workshops (ICDMW'06),2006:601-605.

112. Won-Young Kim, Young-Koo Lee, Jiawei Han. CCMine: Efficient Mining of Confidence-Closed Correlated Patterns. In PAKDD,2004:569-579.

113. H. Liu, H. Lu, L. Feng, F. Hussain. Efficient Search of Reliable Exceptions. In Proc. Pacific-Asia Conference on Knowledge Discovery and Data Mining (PAKDD'99),1999:194-203.

114. Young-Koo Lee, Won-Young Kim, et al. CoMine: efficient mining of correlated patterns. In ICDM,2003:581-584.

115. Hui Xiong, Shashi Shekhar, Pang-Ning Tan, Vipin Kumar. TAPER: an efficient two-step approach for all-strong-pairs correlation query in transaction databases. IEEE Transactions on Knowledge and Data Engineering,2006,18(4) :493-508.

116. Yiping Ke, James Cheng, Wilfred Ng. Mining quantitative correlated patterns using an information-theoretic approach. In KDD, 2006:227-236.

117. G. Piatetsky-Shapiro. Discovery, analysis and presentation of strong rules. Piatesky-Shapiro G, Frawley W. (eds.), Knowledge Discovery in Databases. MIT press, Cambridge, MA,1991:229-248.

118. Wai-Ho Au, Keith C. C. Chan. Mining changes in association rules: a fuzzy approach. Fuzzy Sets and Systems,2005(149):87-104.

119. Guozhu Dong, Jinyan Li. Mining border descriptions of emer-

ging patterns from dataset pairs. Knowledge and Information Systems, 2005(8):178-202.

120. Wai-Ho Au, Keith C C Chan. An evolutionary approach for discovering changing patterns in historical data. In Proc. 11th IEEE Int. Conf. on Fuzzy Systems, Honolulu, HI, 2002: 890-895.

121. P. Deepa Sheenoy, K. G. Srinivasa, et al. Dynamic association rule mining using genetic algorithms. Intelligent Data Analysis. 2005,5 (9):439-453.

122. http://www.almaden.ibm.com/cs/quest/syndata.html.

123. http://www.ics.uci.edu/~mlearn/MLRepository.html.

124. Tzung-Pei Hong, Chun-Hao Chen, Yu-Lung Wu, et al. A GA-based fuzzy mining approach to achieve a trade-off between number of rules and suitability of membership functions. Soft Comput, 2006(10):1091-1101.

125. Mehmet Kaya, Reda Alhajj. Mining multi-cross-level fuzzy weighted association rules. In Second IEEE international conference on intelligent systems, June 2004.

126. Yi-Chung Hu. Determining membership functions and minimum fuzzy support in finding fuzzy association rules for classification problems. Knowledge-Based Systems, 2006(196):57-66.

127. Tzung-Pei Hong, Kuei-Ying Lin, Shyue-Liang Wang. Fuzzy data mining for interesting generalized association rules. Fuzzy Sets and Systems, 2003(138):255-269.

128. Tzung-Pei Hong, Kuei-Ying Lin, Been-Chian Chien. Mining fuzzy multiple-level association rules from quantitative data. Applied Intelligence,2003(18):79-90.

129. Keon-Myung Lee. Mining generalized fuzzy quantitative association rules with fuzzy generalization hierarchies. In Joint 9th IFSA World Congress and 20th NAFIPS Interantional Conference,2001:2977-2982.

130. M. De Cock, C. Cornelis, E E Kerre. Elicitation of fuzzy association rules from positive and negative examples. Fuzzy Sets and Systems,2005, 149(1):73-85.

131. Didier Dubois, Eyke Hüllermeier, Henri Prade. A Systematic Approach to the Assessment of Fuzzy Association Rules. In IEEE ICDM 2004 Workshop on Alternative Techniques for Data Mining and Knowledge Discovery, November 1st, Brighton, UK, 2004.

132. 陆建江. 加权关联规则挖掘算法的研究. 计算机研究与发展, 2002,39(10).

133. Gyenesei, A., Mining weighted association rules for fuzzy quantitative items. In Proceedings of PKDD conference, September 13-16, Lyon, France. 2000:416-423.

134. Bing Liu, Wynne Hsu, and Yiming Ma. Mining association rules with multiple supports. In Proc. of the ACM SIGKDD Int'l Conf. on Knowledge Discovery and Data Mining (KDD' 99), SanDiego, CA, USA, 1999.

135. George Karypis, Eui-Hong (Sam) Han, and Vipin Kumar. CHAMELEON: A Hierarchical Clustering Algorithm Using Dynamic Modeling. IEEE Computer, 1999.

136. Ester M., Kriegel H. P., Sander J., Xu X. A density-based algorithm for discovering clusters in large spatial databases with noise. In Proc. 2nd Int. conference on knowledge discovery and

data mining, AAAI Press, 1996.

137. George Karypis. http://www-users. cs. umn. edu/~karypis/cluto/2003.

138. H D K Moonesinghe, et al. Frequent Closed Itemset Mining Using Prefix Graphs with an Efficient Flow-Based Pruning Strategy. In ICDM 2006, 2006:426-435.

139. James Cheng, Yiping Ke, Wilfred Ng. Tolerance Closed Frequent Itemsets. In ICDM 2006,2006:139-148.

140. Alex Tuzhilin and Bing Liu. Querying multiple sets of discovered rules. Proceedings of the ACM SIGKDD International Conference on Knowledge Discovery & Data Mining, Edmonton, Canada,2002:23-26.

141. RDF Semantics. http://www. w3. org/TR/rdf-mt/.

142. Deborah L McGuiness, Richard Fikes, James Hendler, LynnAndrea Sten. DAML+OIL: An ontology language for the semantic Web. IEEE Intelligent System, Sep-Oct. 2002:72-80.

143. W3C Web-Ontology (WebOnt) Working Group. http://www. w3. org/2001/sw/WebOnt.

144. T. Berners-Lee, J. Hendler, O Lassila. The semantic web. Scientific American, 2001, 284(5):34-43.

145. http://protege. stanford. edu/.

146. 蔡铭,林兰芬,董金祥. 制造资源智能检索系统研究与实现. 计算机辅助设计与图形学学报,2004,16(4).

147. K. Yu, X. Wu, W Ding, H Wang. Causal associative classification. In Proc. of the 2011 IEEE International Conference on Data Mining (ICDM), Vancouver, CA, December, 2011.

148. A. Gkoulalas-Divanis, V. S. Verykios. Association rule hiding

for data mining. 1st edition, 2010, Springer, Book series on Advances in Database Systems.

149. V. S. Verykios, A. K. Elmagarmid, et al. Association rule hiding. IEEE Transactions on Knowledge and Data Engineering. 2004, 16(4): 434-447.

150. X. Sun, P. S. Yu. A border-based approach for hiding sensitive frequent itemsets. In proc. Of the 5th IEEE International Conference on Data Mining,2005:426-433.

151. X. Sun, P. S. Yu. Hiding sensitive frequent itemsets by a border-based approach. Computing Science and engineering, 2007,1(1):74-94.

152. S. R. M. Oliveira, O. R. Zaiane. Protecting sensitive knowledge by data santization. In Proc. of the 3rd IEEE International Conference on Data Mining, 2004.

153. Y. Saygin, V. S. Verykios, C. W. Clifton. Using unknowns to prevent discovery of association rules. ACM SIGMOD Record, 2001,30(4): 45-54.

154. G. V. Moustakides, V. S. Verykios. A maxmin approach for hiding frequent itemsets. Data and Knowledge Engineering, 2008,65(1):75-89.

155. S. Menon, S. Sarkar, S. Mukherjee. Maximizing accuracy of shared databases when concealing sensititve patterns. Information Systems Research, 2005:16(3):256-270.

156. A. Gkoulalas-Divanis, V. S. Verykios. An integer programming approach for frequent itemset hiding. In Proc. of the 15th ACM International Conference on Information and Knowledge Management (CIKM),2006:748-757.

157. A. Gkoulalas-Divanis, V. S. Verykios. Hiding sensitive knowledge without side effects. Knowledge and Information Sysems, 2009:20(3):263-299.

158. A. Gkoulalas-Divanis, V. S. Verykios. Exact knowledge hiding through database extension. IEEE Transactions on Knowledge and Data Engineering,2009:21(5):699-713.

159. Guozhu Dong, James Bailey, Jinyan Li. Contrast data mining: concepts, algorithms, and applications, Chapman & Hall/CRC Data Mining and Knowledge Discovery Series. 1 edition, 2012.

160. Kotagiri Ramamohanarao, James Bailey, Guozhu Dong. Contrast data mining: methods and applications. www. cs. wright. edu/～gdong/ICDMtutorial. ppt. 2007.

161. Xiangtao Chen, Lijuan Lu. A new algorithm based on shared pattern-tree to mine shared emerging patterns. International Workshop on Contrast Data Mining and Applications, ICDM 2011, 2011.

162. Jinyan Li. Mining emerging patterns to construct accurate and efficient classifiers. PHD Thesis, University of Melbourne, 2001.

163. An Aijun, Qian Wan, Jiashu Zhao, Xiangji Huang. Diverging patterns: discovering significant frequency change dissimilarities in large databases. In International Conference on Information and Knowledge Management,2009:1473-1476.

164. Rajul Anand, Chandan K. Reddy. Constrained logistic regression for discriminative pattern mining. In Proc. of the European Conference on Machine Learning and Principles and Practice of Knowledge Discovery in Databases (ECML/PKDD), 2011.

165. James Bailey, Elsa Loekito. Efficient incremental mining of

contrast patterns in changing data. Information Processing Letter, 2010:110(3):88-92.

166. Stephen D. Bay, Michael J Pazzani. Detecting change in categorical data: Mining contrast sets. In ACM Int'l Conf. on Knowledge Discovery and Data Mining (KDD),1999:302-306.

167. Jeffrey Chan, James Bailey, Christopher Leckie. Discovering and summarising regions of correlated spatio-temporal change in evolving graphs. In ICDM Workshops,2006:361-365.

168. Hong Cheng. Towards Accurate and Efficient Classification: A Discriminative and Frequent Pattern-Based Approach. PhD Thesis, University of Illinios at Urbana-Champion (UIUC), 2009.

169. Hong Cheng, Xifeng Yan, Jiawei Han, Chih-Wei Hsu. Discriminative frequent pattern analysis for effective classification. In IEEE Int'l Conf. on Data Engineering,2007:716-725.

170. Hong Cheng, Xifeng Yan, Jiawei Han, Philip S. Yu. Direct discriminative pattern mining for effective classification. In IEEE Int'l Conf. on Data Engineering,2008:169-178.

171. Gautam Das, Heikki Mannila. Context-based similarity measures for categorical databases. In European Conference on Principles and Practice of Knowledge Discovery in Databases (PKDD), 2000:201-210.

172. Gautam Das, Heikki Mannila, Pirjo Ronkainen. Similarity of attributes by external probes. In ACM International Conference on Knowledge Discovery and Data Mining (KDD),1998:23-29.

173. Lei Duan, Jie Zuo, Tianqing Zhang, Jing Peng, Jie Gong. Mining contrast inequalities in numeric dataset. In Int'l Conference on Web-Age Information Management (WAIM),

2010:194-205.

174. Venkatesh Ganti, Johannes Gehrke, Raghu Ramakrishnan, Wei-Yin Loh. A framework for measuring differences in data characteristics. Journal of Computer and System Sciences, 2002,64(3): 542-578.

175. Zhenhua Lin, Bin Jiang, Jian Pei, and Daxin Jiang. Mining discriminative items in multiple data streams. World Wide Web, 2010(13): 497-522.

176. Elsa Loekito, James Bailey. Mining influential attributes that capture class and group contrast behaviour. In ACM Conf. on Information and Knowledge Management (CIKM), 2008: 971-980.

177. Shichao Zhang. Detecting differences between contrast groups. IEEE Transactions on Information Technology in Biomedicine, 2008,12(6):739-745.

178. Shichao Zhang, Feng Chen, Zhi Jin, Ruili Wang. Mining class-bridge rules based on rough sets. Expert Systems with Applications, 2009,36(3):6453-6460.

179. Bartosz Kurlej, Michal Wozniak. Active learning approach to concept drift problem. Logic Journal of the IGPL, 2011. doi: 10. 1093/jigpal/jzr011.

180. Jiawei Han, Jianyong Wang, Ying Lu, Petre Tzvetkov. Mining top-K frequent closed patterns without minimum support. In Proc. of the 2002 IEEE Int'l Conf. on Data Mining, 2002.

181. Charu C. Aggarwal, Haixun Wang. Managing and mining graph data. Springer, The Kluwer international series on advances in database systems. 1st edition, 2010.

182. Xifeng Yan, Jiawei Han. CloseGraph: mining closed frequent graph patterns. In Proc. of the ninth ACM SIGKDD Int'l Conf. on Knowledge Discovery and Data Mining, 2003.

183. X. Yan, H. Cheng, J. Han, P. S. Yu. Mining significant graph patterns by scalable leap search. SIGMOD Conference, 2008.

184. A. Inokuchi, T. Washio, H. Motoda. An apriori-based algorithm for mining frequent substructures from graph data. PKDD Conference, 2000: 13-23.

185. J. Huan, W. Wang, J. Prins, J. Yang. Spin: mining maximal frequent subgraphs from graph databases. KDD Conference, 2004.

186. X. Yan, J. Han. Gspan: graph-based substructure pattern mining. ICDM Conference, 2002.

187. C. Borgelt, M. R. Berthold. Mining molecular fragments: finding relevant substructures of molecules. ICDM Conference, 2002.

188. M. Kuramochi, G. Karypis. Finding frequent patterns in a large sparse graph. Data Mining and Knowledge Discovery, 2005, 11(3): 243-271.

189. B Bringmann, S Nijssen. What is frequent in a single graph? In proc. of the 12th Pacific-Asia conference on Advances in Knowledge Discovery and Data Mining, 2008.

190. Celine Robardet. Constraint-based pattern mining in dynamic graphs. In proc. of the ninth IEEE International Conference on Data Mining, 2009.

191. Gergely Palla, Imre Derenyi, et al. Uncovering the overlapping community structure of complex networks in nature and society. Nature. 2005, 435(9): 814-818.

192. T. Uno. An efficient algorithm for enumerating pseudo

cliques. In proc. ISAAC, ser. LNCS, 2007(4835):402-414.
193. Daxin Jiang, Jian Pei. Mining frequent cross-graph quasi-cliques. ACM Transactions on Knowledge Discovery from Data, 2009,2(4).
194. K. M. Borgwardt, H. P. Kriegel, P. Wackersreuther. Pattern mining in frequent dynamic subgraphs. In Proc. of the Sixth Int'l Conf. on Data Mining, 2006.
195. M. Lahiri, T. Y. Berger-Wolf. Mining periodic behavior in dynamic social networks. In proc. ICDM, 2008: 373-382.
196. M. Al Hansan, V. Chaoji, S. Salem, J. Besson, M. J. Zaki. ORIGAMI: mining representative orthogonal graph patterns. In proc. 2007 Int'l Conf. Data Mining, 2007:153-162.
197. Tamas Horvath, Bjorn Bringmann, Luc De Raedt. Frequent hypergraph mining. ILP 2006, LNAI 4455,2007:244-259.
198. Z. Zhou, J. Li, H. Gao, S Zhang. Mining frequent subgraph patterns from uncertain graph data. IEEE Transactions on Knowledge and Data Engineering, 2010,22(9):1203-1218.
199. M. Adda, L. Wu, Y. Feng. Rare itemset mining. In proc. of the Sixth International Conference on Machine Learning and Applications, 2007.
200. Jia Rong, Huy Quan Vu, Rob Law, Gang Li. A behavioral analysis of web sharers and browsers in Hong Kong using targeted association rule mining. Tourism Management. 2011, doi: 10. 1016/j. tourman. 2011-08-06.
201. Longbing Cao, Philip S. Yu, Chengqi Zhang, Yanchang Zhao. Domain Driven Data Mining. Springer, 2010.
202. Longbin Cao, Li Lin, Chengqi Zhang. Domain-driven in-depth

pattern discovery: a practical methodology. Australian Data Mining Conference, 2005.

203. Longbin Cao, Hans M. Bohlscheid, Yanchang Zhao, Huaifeng Zhang, Peter Newbigin, et al. Social Security Data Mining for public services. Panel: Top-10 Data Mining Case Studies. ICDM 2010, 2010.

204. Zhiling Lan, Ziming Zheng, Jiexing Gu, Susan Coghlan, Rajeev Thakur. Analyzing system logs for online failure prediction on supercomputers. Panel: Top-10 Data Mining Case Studies. ICDM 2010, 2010.

205. H. Zhang, Y. Zhao, L. Cao, C. Zhang. Combined association rule mining. In PAKDD, LNCS 5012,2008:1069-1074.

206. Y. Zhao, H. Zhang, F. Figueiredo, L. Cao, C. Zhang. Mining for combined association rules on multiple datasets. In proc. of 2007 ACM SIGKDD Workshop on Domain Driven Data Mining (DDDM 2007),2007:18-23.

207. L. Cao, Y. Zhao, C. Zhang. Mining impact-targeted activity patterns in imbalanced data. IEEE Transactions on Knowledge and Data Engineering, 2008,20(8): 1053-1066.

208. Y. Zhao, L. Cao, Y. Morrow, Y. Ou, J. Ni, C. Zhang. Discovering debtor patterns of centrelink customers. In proc. of the Australian Data Mining Conference: AusDM 2006, 2006.

209. 沈斌,刘渊.物联网应用的安全与隐私问题审视.自然辩证法通讯,2011,33(6):90-96.

210. Alvarez, S. A. Chi-squared computation for association rules: preliminary results. Technical Report No. BC-CS-2003-01, Computer Science Dept. , Boston College, MA.

图书在版编目（CIP）数据

关联规则技术研究／沈斌著．—杭州：浙江大学出版社，2012.6
ISBN 978-7-308-09926-4

Ⅰ．①关… Ⅱ．①沈… Ⅲ．①数据采集—研究 Ⅳ．①TP274

中国版本图书馆 CIP 数据核字（2012）第 081346 号

关联规则技术研究

沈 斌 著

责任编辑	朱 玲
出版发行	浙江大学出版社 （杭州市天目山路 148 号 邮政编码 310007） （网址：http://www.zjupress.com）
排 版	杭州中大图文设计有限公司
印 刷	杭州日报报业集团盛元印务有限公司
开 本	880mm×1230mm 1/32
印 张	5.625
字 数	170 千
版 印 次	2012 年 6 月第 1 版 2012 年 6 月第 1 次印刷
书 号	ISBN 978-7-308-09926-4
定 价	28.00 元

浙江大学出版社发行部邮购电话 （0571）88925591